21世纪高等学校计算机规划教材

21st Century University Planned Textbooks of Computer Science

信息技术

Information Technology

刘宝忠 刘伟 朱思斯 张小翠 主编

叶杨 副主编

高校系列

人民邮电出版社

北 京

图书在版编目（CIP）数据

信息技术 / 刘宝忠等主编. -- 北京 ：人民邮电出版社，2015.2（2018.9重印）
21世纪高等学校计算机规划教材
ISBN 978-7-115-38308-2

Ⅰ. ①信… Ⅱ. ①刘… Ⅲ. ①电子计算机－高等学校－教材 Ⅳ. ①TP3

中国版本图书馆CIP数据核字（2015）第012000号

内 容 提 要

本书是根据应用型本科大学计算机课程的基本要求，结合作者近年来大学信息技术课程教学中的实践经验编写而成的。本书立足于基础理论知识与实际应用能力的有机结合，按照教学大纲要求，全面把握内容的深度与广度，符合应用型大学培养高级人才的要求。

本书的主要内容包括计算机网络基础知识、多媒体技术基础知识、音频处理技术、计算机图形图像技术、动画技术和视频处理技术。各章均配有习题，以帮助读者巩固和检测所学内容。

本书层次清晰，内容精练，可读性好，以图文并茂的方式深入浅出地介绍了信息技术的基本知识和操作技能，既可作为应用型本科及高职高专院校各专业信息技术课程的教材，也可作为广大计算机爱好者的自学参考书。

◆ 主　　编　刘宝忠　刘　伟　朱思斯　张小翠
　　副主编　叶　杨
　　责任编辑　张孟玮
　　执行编辑　税梦玲
　　责任印制　沈　蓉　彭志环

◆ 人民邮电出版社出版发行　北京市丰台区成寿寺路 11 号
　　邮编　100164　电子邮件　315@ptpress.com.cn
　　网址　http://www.ptpress.com.cn
　　固安县铭成印刷有限公司印刷

◆ 开本：787×1092　1/16
　　印张：13　　　　　　　　2015 年 2 月第 1 版
　　字数：341 千字　　　　　2018 年 9 月河北第 6 次印刷

定价：35.00 元

读者服务热线：(010)81055256　印装质量热线：(010)81055316
反盗版热线：(010)81055315

前　言

随着社会信息化进程的加快，计算机信息技术已成为当今人们必须学习和掌握的知识。对于大学生而言，不仅应掌握计算机操作的基本技能，而且要具有熟练使用计算机处理各类信息的能力。因此，掌握计算机信息技术已成为人们的迫切需要，也是高等学校人才培养中基本素质教育的重要内容。

为了进一步培养学生的计算机基本应用能力，很多学校开设了"信息技术"这门课程。本书针对课程需求，系统地介绍了信息技术各方面的知识，旨在为应用型大学学生提供计算机信息处理的各种知识，使他们对计算机科学有一个更深入的了解。本书引入了大量实例，在强调基本理论、基本方法的同时，特别注重实用性和应用能力的培养，并尽量反映计算机发展的最新技术。

本书共分为 6 章。第 1 章为信息技术概述，分为计算机网络基础知识和多媒体技术基础知识。计算机网络基础知识主要介绍计算机网络的发展、网络的功能、互联网提供的服务等；多媒体技术基础知识主要介绍多媒体技术的发展、多媒体技术的应用、多媒体计算机的硬件基础和软件基础等。第 2 章为网页制作，主要介绍网页相关概念、网站设计的步骤及网页制作软件 Dreamweaver 的使用方法。第 3 章为音频处理及编辑，主要介绍数字音频的相关概念、声音数字化的过程及音频处理软件 GoldWave 的使用方法。第 4 章为计算机图形图像技术，主要介绍图形图像的基本概念、色彩及色彩模式、常用的图像格式及 Photoshop 软件的使用方法。第 5 章为动画技术，主要介绍动画的基础概念、动画的原理、常用的动画制作软件及 Flash 软件的使用方法。第 6 章为视频处理技术，主要介绍视频类型、数字视频的基础概念、常用的视频处理软件及 Premiere 软件的使用方法。

本书的编者均为从事计算机专业教学的教师。第 1 章和第 2 章由张小翠编写，第 3 章和第 5 章由朱思斯编写，第 4 章由刘伟编写，第 6 章由叶杨编写。全书由刘伟负责统稿，由刘宝忠主审。本书在编写过程中得到了各方面的大力支持，在此一并表示感谢。

由于计算机技术发展日新月异，加之作者水平有限，仓促之中难免有疏漏之处，敬请广大读者批评指正。

编　者

2014 年 10 月

目 录

第1章
信息技术概述

信息技术（Information Technology，IT），是管理和处理信息时所采用的各种技术的总称。信息技术的应用包括计算机硬件和软件，网络和通信技术，应用软件开发工具等。计算机和互联网普及以来，人们越来越青睐于使用计算机来生产、处理、交换和传播各种形式的信息（如书籍、商业文件、报刊、唱片、电影、电视节目、语音、图形、影像等）。

通过本章的学习，读者应掌握以下知识。

- 计算机网络的定义、结构与功能。
- 信息检索的方法。
- 计算机网络的 IP 地址、子网掩码、MAC 地址。
- 多媒体的基本概念。
- 基本的输入输出设备。
- 多媒体计算机的存储设备。
- 相关的多媒体软件。

1.1　计算机网络的概述

计算机网络，是指将地理位置不同的具有独立功能的多台计算机及其外部设备，通过通信线路连接起来，在网络操作系统、网络管理软件及网络通信协议的管理和协调下，实现资源共享和信息传递的计算机系统。

1.1.1　计算机网络的定义与发展

1. 计算机网络的定义

计算机网络是指互连起来的能独立自主的计算机集合。这里的"互连"意味着互相连接的两台或两台以上的计算机能够互相交换信息，达到资源共享的目的。而"独立自主"是指每台计算机的工作是独立的，任何一台计算机都不能干预其他计算机的工作。例如启动、停止等，任意两台计算机之间没有主从关系。从这个简单的定义可以看出，计算机网络涉及 3 个方面的问题。

① 两台或两台以上的计算机相互连接起来才能构成网络，达到资源共享的目的。

② 两台或两台以上的计算机连接，互相通信交换信息，需要有一条通道。这条通道的连接

是物理的，由硬件实现，这就是连接介质（有时称为信息传输介质）。它们可以是双绞线、同轴电缆或光纤等"有线"介质；也可以是激光、微波或卫星等"无线"介质。

③ 计算机之间要通信交换信息，彼此就需要有某些约定和规则，这就是协议。

因此，我们可以把计算机网络定义为： 把分布在不同地点且具有独立功能的多个计算机，通过通信设备和线路连接起来，在功能完善的网络软件运行下，按照一定的协议来实现网络中以资源共享为目标的系统。

从计算机网络的定义可以看出，计算机网络必须具有数据处理与数据通信两种能力。因此，可以从逻辑上将它划分成两个部分，资源子网与通信子网，其基本结构如图 1-1 所示。

（1）资源子网

资源子网由主计算机系统、终端、终端控制器、联网外设、各种软件资源与信息资源组成。对于广域网而言，资源子网由网络中的所有主机及其外部设备组成。资源子网的功能是负责全网的数据处理业务，向网络用户提供各种网络资源与网络服务。

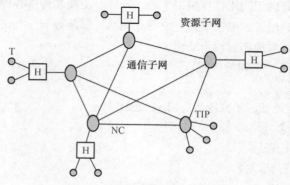

图 1-1　计算机网络的基本结构

（2）通信子网

通信子网是指网络中实现网络通信功能的设备及其软件的集合，是网络的内层，负责信息的传输。通信设备、网络通信协议、通信控制软件等属于通信子网，它们主要为用户提供数据的传输、转接、加工、变换等功能。通信子网一般由网卡、线缆、集线器、中继器、网桥、路由器、交换机等设备和相关软件组成。

通信线路为通信控制处理机之间、处理机与主机之间提供通信信道。计算机网络采用多种通信线路，例如电话线、双绞线、同轴电缆、光缆、无线通信信道、微波与卫星通信信道等。

2. 计算机网络的发展

Internet 的基础结构大体经历了 3 个阶段的演进，这 3 个阶段在时间上有部分重叠。

第一阶段：从单个网络 ARPAnet 向互联网发展。1969 年美国国防部创建了第一个分组交换网 ARPAnet，只是一个单个的分组交换网，所有想连接在它上面的主机都直接与就近的节点交换机相连。它的规模增长很快，到 20 世纪 70 年代中期，人们认识到仅使用一个单独的网络无法满足所有的通信问题。于是 ARPA 开始研究很多网络互联的技术，这就促使了后来的互联网的出现。1983 年 TCP/IP 协议称为 ARPAnet 的标准协议。同年，ARPAnet 分解成两个网络，一个进行试验研究用的科研网 ARPAnet，另一个是军用的计算机网络 MILnet。1990 年，ARPAnet 因试验任务完成正式宣布关闭。

第二阶段：建立三级结构的因特网。1985 年起，美国国家科学基金会 NSF 就认识到计算机网络对科学研究的重要性，1986 年，NSF 围绕 6 个大型计算机中心建设计算机网络 NSFnet，它是个三级网络，分主干网、地区网、校园网。它代替 ARPAnet 成为 Internet 的主要部分。1991 年，NSF 和美国政府认识到因特网不会限于大学和研究机构，于是支持地方网络接入，许多公司纷纷加入，使网络的信息量急剧增加，美国政府就决定将因特网的主干网转交给私人公司经营，并开始对接入因特网的单位收费。

第三阶段：多级结构因特网的形成。1993 年开始，美国政府资助的 NSFnet 逐渐被若干个商用的因特网主干网替代，这种主干网也叫因特网辅助提供者 ISP，考虑到因特网商用化后可能出现很多的 ISP，为了使不同 ISP 经营的网络能够互通，在 1994 创建了 4 个网络接入点 NAP，分别由 4 个电信公司经营，21 世纪初，美国的 NAP 达到了十几个。NAP 是最高级的接入点，它主要是向不同的 ISP 提供交换设备，使它们相互通信。因特网已经很难对其网络结构给出很精细的描述，但大致可分为 5 个接入级：网络接入点 NAP、多个公司经营的国家主干网、地区 ISP、本地 ISP，以及校园网、企业或家庭 PC 机上网用户。多级结构的因特网如图 1-2 所示。

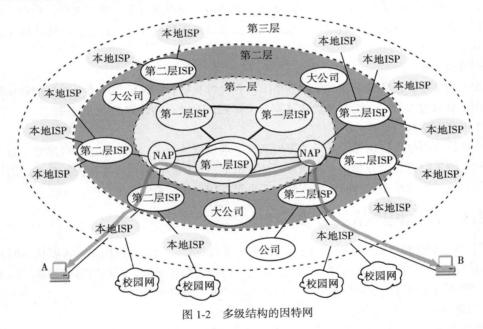

图 1-2 多级结构的因特网

1.1.2 计算机网络的功能

计算机网络的功能主要体现在数据通信、资源共享、分布式处理和集中管理等几个方面，下面分别介绍。

（1）数据通信

数据通信功能是计算机网络最基本的功能，主要完成网络中各个节点之间的通信。任何人都需要与他人交换信息，计算机网络提供了最方便快捷的途径。人们可以在网上传送电子邮件、发布新闻消息、进行电子商务、远程教育、远程医疗等。

（2）资源共享

资源共享包括硬件、软件和数据资源的共享。在网络范围内的各种输入/输出设备、大容量的存储设备、高性能的计算机等都是可以共享的网络资源。对一些价格昂贵又不经常使用的设备，通过网络共享可以提高设备的利用率并节省重复投资。

网上的数据库和各种信息资源是共享的主要内容，因为任何用户不可能也没有必要把各种信息收集齐全，而计算机网络提供了这样的便利。全世界的信息资源可通过 Internet 实现共享。例如美国一个名为 Dialog 的大型信息服务机构，有 300 多个数据库，这些数据库中的数据涉及科学、技术、商业、医学、社会科学、人文科学和时事等各个领域，存储了 1 亿多条信息，包括参考书、专利、目录索引、杂志和新闻文章等。人们可以通过网络将个人的微型机连接到该服务机构的主机上，从而使用这些信息。

（3）分布式处理

分布式处理是指网络系统中若干台计算机互相协作共同完成一个任务。或者说，将一个程序分布在几台计算机上并行处理，这样就可将一项复杂的任务划分成多个部分，由网络内各计算机分别完成有关的部分，使整个系统的性能大为增强。

（4）集中管理

计算机网络技术的发展和应用，使现代的办公手段、经营管理等发生了变化。目前，已经有许多 MIS 系统、OA 系统等，通过这些系统可以实现日常工作的集中管理，提高工作效率，增加经济效益。

（5）负载平衡

负载平衡是指将任务均匀地分配给网络上的各台计算机。网络控制中心负责分配和检测，当某台计算机负载过重时，系统会自动转移部分工作到负载较轻的计算机中去处理。

（6）提高安全与可靠性

建立计算机网络后，还可以减少计算机系统出现故障的概率，提高系统的可靠性。对于系统中重要的资源可以将它们分布在不同地方的计算机上，这样即使某台计算机出现故障，用户也可以在网络上通过其他路径来访问这些资源，不会影响用户对同类资源的访问。

1.1.3　计算机网络的分类

由于计算机网络的广泛应用，目前世界上出现了各种形式的计算机网络。可以从不同的角度对计算机网络进行分类，例如从网络的交换功能、网络的拓扑结构、网络的通信性能、网络的作用范围、网络的使用范围等进行分类。下面介绍两个有代表性的分类。

1. 按网络的覆盖范围分类

从覆盖的地理范围上可将计算机网络分为局域网 LAN（Local Area Network）、城域网 MAN（Metropolitan Area Network）及广域网 WAN（Wide Area Network）。局域网一般来说只能是一个较小区域的网络互联，城域网是不同地区的网络互联，广域网是不同城市之间的网络互联。

（1）局域网（Local Area Network，LAN）

局域网又称为局部区域网，覆盖范围为几百米到几公里，一般连接一幢或几幢大楼。信道传输速率可达 1～20Mbit/s，结构简单，布线容易。它是一种在小范围内实现的计算机网络，一般在一个建筑物、一个工厂、一个事业单位内部，为单位独有。

局域网可以实现文件管理、应用软件共享、打印机共享、扫描仪共享、工作组内的日程安排、电子邮件和传真通信服务等功能。局域网是封闭型的，可以由办公室内的两台计算机组成，也可以由一个公司内的上千台计算机组成。

局域网技术是当前计算机网络研究和应用的一个热点，也是目前技术发展最快的领域之一。

在局域网内，信息的传输速率较高，误码率低，结构简单，容易实现。局域网中最有代表的是以太网（Ethernet）。

（2）城域网（Metropolitan Area Network，MAN）

城域网是由不同的局域网通过网间连接构成一个覆盖在整个城市范围之内的网络。

在一个学校范围内的计算机网络通常称为校园网。实质上它是由若干个局域网连接构成的一个规模较大的局域网，也可视校园网为一个介于普通局域网和城域网之间的、规模较大的、结构较复杂的局域网。

（3）广域网（Wide Area Network，WAN）

广域网作用范围通常为几十到几千千米，可以分布在一个省内、一个国家或几个国家。广域网信道传输速率较低，一般小于 0.1Mbit/s，结构比较复杂。它的通信传输装置和媒体一般由电信部门提供。

2. 按网络拓扑结构分类

计算机网络拓扑是通过网络节点与通信线路之间的几何关系表示的网络结构。计算机网络拓扑结构通常有星型结构、总线型结构、环型结构、树型结构、网状结构和混合结构。常用的网络拓扑结构如图 1-3 所示，在组建局域网时常采用星型、总线型、环型和树型结构。树型和网状结构在广域网中比较常见。但是在一个实际的网络中，可能是上述几种网络结构的混合。

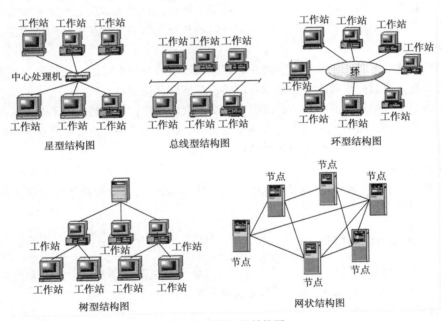

图 1-3　网络拓扑结构图

（1）星型结构

星型结构是中央节点与各节点连接而组成的。它以中央节点为中心，各节点与中央节点通过点到点方式连接，中央节点执行集中式通信控制策略，各节点间不能直接通信，需要通过该中心处理机转发，因此中央节点相当复杂，负担重，必须有较强的功能和较高的可靠性。

星型结构的优点是结构简单、建网容易、控制相对简单。其缺点是由于集中控制，主机负载过重，可靠性低，通信线路利用率低。

（2）总线型结构

总线型结构是用一条称为总线的中央主电缆，将相互之间以线性方式连接的工作站连接起来的布局方式，称为总线拓扑。网络中各个工作站均经一条总线相连，信息可沿两个不同的方向由一个站点传向另一站点。

总线型结构的优点是结构简单灵活，非常便于扩充；可靠性高，网络响应速度快；设备量少、价格低、安装使用方便；共享资源能力强。其缺点是总线容易阻塞，对故障的诊断、隔离困难。总线型网络结构是目前使用最广泛的结构，也是一种传统的主流网络结构，适用于在信息管理系统、办公自动化系统领域应用。目前在局域网中多采用此种结构。

（3）环型结构

环型结构将各个连网的计算机由通信线路连接形成一个首尾相连的闭合的环。在环型结构的网络中，信息按固定方向流动，或顺时针方向，或逆时针方向，每两台计算机之间只有一条通路，简化了路径的选择。

环型结构的优点是结构简单，传输速度较快，路由选择控制简单。其缺点是可靠性差，维护困难。

（4）树型结构

树型结构实际上是星型结构的一种变形，它将原来用单独链路直接连接的节点通过多级处理主机进行分级连接。这种结构与星型结构相比降低了通信线路的成本，但增加了网络复杂性。网络中除最低层节点及其连线外，任何一个节点连线的故障均影响其所在支路网络的正常工作。

（5）网状结构

网状结构又称作无规则结构，节点之间的连结是任意的，没有规律。一般每个节点至少与其他两个节点相连，也就是说每个节点至少有两条链路连到其他节点。

网状结构的优点是节点间路径多，碰撞和阻塞可大大减少，局部的故障不会影响整个网络的正常工作，可靠性高；网络扩充和主机入网比较灵活、简单。其缺点是关系复杂，建网不易，网络控制机制复杂。广域网中一般采用网状结构。

（6）混合型结构

随着网络技术的发展，各种网络结构经常交织在一起使用，这种网络结构形式属于混合型结构。

1.1.4　Internet 的地址

为了实现 Internet 上各计算机之间的通信，每台计算机都必须有一个独一无二的地址。在 Internet 中常见的地址有 IP 地址、MAC 地址及域名系统，下面分别介绍。

1．IP 地址

IP 地址就是给每个连接在 Internet 上的主机分配的一个 32 位（4 字节）的唯一地址。IP 地址通过数字来表示一台计算机在 Internet 中的位置，它具有固定、规范的格式。一个 IP 地址包含 32 位二进制数，分 4 段，每段 8 位，段与段之间用圆点"."分开。例如一个采用二进制形式的 IP 地址是"00001010000000000000000000000001"，不容易记忆，所以采用"点分十进制表示法"为 10.0.0.1。

IP 地址是一种具有层次结构的地址，由网络号和主机号两部分组成，其中网络号决定了主机所处的位置，主机号显示了该机器的地址，如表 1-1 所示。

表 1-1　　　　　　　　　　　　　　　　　　分层结构的 IP 地址

网 络 号	主 机 号		
8bit	8bit	8bit	8bit
10	0	0	1

为了适应不同规模的物理网络，在国际上 IP 地址被分为 A，B，C，D，E 5 类，如图 1-4 所示。但在 Internet 上可分配使用的 IP 地址只有 A、B、C 3 类。D 类地址被称为组播地址，组播地址可用于视频广播或视频点播系统，而 E 类地址作为保留地址尚未使用。

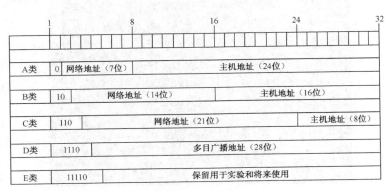

图 1-4　IP 地址分类

A 类 IP 地址的标识符为 "0"，网络号占 8 位，主机号占 24 位，范围为 0～127，0 是保留的并表示所有的 IP 地址，而 127 也是保留的并用于测试回环而用的。

B 类 IP 地址的标识符为 "10"，网络号占 16 位，主机号占 16 位，范围为 128～191。

C 类 IP 地址的标识符为 "110"，网络号占 24 位，主机号占 8 位，范围为 192～223。

D 类 IP 地址的标识符为 "1110"，范围为 224～239，它是专门保留的地址。

E 类 IP 地址以 "11110" 开始，范围为 240～254，为将来使用保留。

2. 子网掩码

子网掩码（subnet mask）又叫网络掩码、地址掩码，子网掩码不能单独存在，它必须结合 IP 地址一起使用。子网掩码只有一个作用，就是将某个 IP 地址划分成网络地址和主机地址两部分。

子网掩码和 IP 地址一样为 32 位。在子网掩码中，网络位用 1 表示，主机位用 0 表示。如 C 类 IP 地址网络号为 24 位，主机号为 8 位，对应的子网掩码为（11111111　11111111　11111111　00000000）即为 255.255.255.0。A，B，C 类 IP 地址默认子网掩码如表 1-2 所示。

表 1-2　　　　　　　　　　　　　　　　　　默认子网掩码

		net-id 全为 1	host-id 全为 0
A 类地址	网络地址		
	默认子网掩码	111111111	00000000 00000000 00000000
	255.0.0.0		
B 类地址	网络地址	net-id 全为 1	host-id 全为 0
	默认子网掩码	11111111　11111111	00000000 00000000
	255.255.0.0		
C 类地址	网络地址	net-id 全为 1	host-id 全为 0
	默认子网掩码	11111111 11111111 11111111	00000000
	255.255.255.0		

3. MAC 地址

MAC（Medium/Media Access Control，介质访问控制）地址也称为物理地址、硬件地址，是烧录在网卡里的，由网卡生产商提供，该地址是全球唯一的。MAC 地址由 48 比特（6 字节）组成。

查看 MAC 地址的方法为：选择"开始→运行"菜单，在搜索框输入"cmd"后回车，进入 MS-DOS 界面，在界面中输入"ipconfig/all"即可查看 MAC 地址和 IP 地址等，如图 1-5 所示。

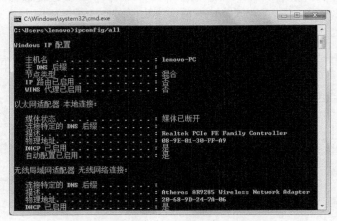

图 1-5　查看 MAC 地址及 IP 地址

4. 下一代网际协议 IPv6

IPv6 是 Internet Protocol Version 6 的缩写，其中 Internet Protocol 译为"互联网协议"。IPv6 是 IETF（互联网工程任务组，Internet Engineering Task Force）设计的用于替代现行版本协议的下一代协议。目前 IP 协议的版本号是 4（即 IPv4），它的下一个版本就是 IPv6。IPv6 正处在不断发展和完善的过程中，不久将取代广泛使用的 IPv4。

IPv6 具有以下特点。

- IPv6 地址长度为 128 比特，地址空间增大 2^{96} 倍。
- 灵活的 IP 报文头部格式。使用一系列固定格式的扩展头部取代了 IPv4 中可变长度的选项字段，加快报文转发，提高了吞吐量。
- 提高安全性。身份认证和隐私权是 IPv6 的关键特性。
- 支持更多的服务类型。
- 允许协议继续演变，增加新的功能，使之适应未来技术的发展。

5. 域名及域名服务

IP 地址用数字表示不便于记忆，而且从 IP 地址上看不出拥有该地址的组织的名称或性质。由于这些缺点，出现了域名系统，即用字符串来表示一台主机的地址。

域名采用层次结构，域下面按领域又分子域，各层次的子域名之间用圆点"."隔开，从右至左分别为第一级域名（最高级域名）、第二级域名直至主机名（最低级域名）。即其结构形式为：计算机名，主机名……二级域名，一级域名。

例如 www.wit.edu.cn 是一个域名，cn 为一级域名（表示中国），edu 为 cn 下的子域名（表示教育机构），wit 又为 edu 下的子域名（主机名，表示武汉工程大学），www 为计算机名。

国家和地区的域名常使用两个字符。表 1-3 所示为常见的国家和地区的一级域名。

表 1-3

常见国家和地区的一级域名

域名	国家和地区	域名	国家和地区	域名	国家和地区
au	澳大利亚	fl	芬兰	nl	荷兰
be	比利时	fr	法国	no	挪威
ca	加拿大	hk	香港	nz	新西兰
ch	瑞士	ie	爱尔兰	ru	俄罗斯
cn	中国	in	印度	se	瑞典
de	德国	it	意大利	uk	英国
dk	丹麦	jp	日本	us	美国
es	西班牙	kp	韩国		

表 1-4 所示为常见的表示机构或组织性质的一级域名。

表 1-4

常见的机构或组织性质的一级域名

域名	用途	域名	用途	域名	用途
edu	教育机构	gov	政府部门	com	商业组织
net	网络组织	mil	非保密的军事机构	org	非商业和教育的组织机构
int	国际机构				

1.1.5　信息检索

信息检索（Information Retrieval）是指将无序的信息进行整理，形成有序的信息集合，并根据需要从信息集合中找出特定的信息的过程。其实质是将用户的检索要求与信息集合中存储的信息标识进行匹配，当两者匹配成功，信息就会被检索出来。

1. 信息检索的分类

按照处理信息的手段来分，检索工具可分为手工检索工具和计算机检索工具两种。手工检索工具是指用手工方式来处理和查找文献信息的方式，如卡片目录等；计算机检索工具是指借助计算机等技术手段进行信息检索的方式，如计算机检索系统、国际联机检索系统等。

按照著录方式来划分，检索工具可分为目录、题录、文摘、索引等类型。目录型检索工具主要有国家书目、馆藏书目、联合书目、专题文献目录等；题录型检索工具主要是指一些新刊题录和题录刊物；文摘型检索工具有指示性文摘、报道性文摘、评论性文摘等；索引型检索工具有主题索引、分类索引、著者索引等。

按照报道的学科内容范围划分，信息检索工具可分为包含多学科的综合性检索工具，也包含单学科的专业性检索工具。

2. 搜索引擎

搜索引擎（Search Engine）是指根据一定的策略、运用特定的计算机程序从互联网上搜集信息，在对信息进行组织和处理后，为用户提供检索服务，将用户检索的相关信息展示给用户的系统。

互联网发展早期，以雅虎为代表的网站分类目录查询非常流行。网站分类目录由人工整理维护，精选互联网上的优秀网站，并简要描述，分类放置到不同目录中。用户查询时，通过层层单击查找。

1990 年，加拿大麦吉尔大学（University of McGill）计算机学院的师生开发出 Archie。当时，万维网还没有出现，人们通过 FTP 来共享交流资源。Archie 能定期搜集并分析 FTP 服务器上的文件名信息，提供查找分布在各个 FTP 主机中的文件。根据精确文件名，Archie 将告诉用户哪个 FTP 服务器能下载该文件。虽然 Archie 搜集的信息资源不是网页，但和搜索引擎的基本工作方式是一样的，所以 Archie 被公认为现代搜索引擎的鼻祖。

目前我国主流的搜索引擎有百度、搜搜、搜狗、bing 等，这些都是比较综合的搜索引擎。

3. 搜索引擎的使用技巧

灵活地使用搜索技巧，能够使搜索到的信息更准确。

（1）学会使用半角的双引号

双引号的作用是精确查找与所输关键词相匹配的内容。如在搜索引擎中输入"计算机网络发展"，将会出现"计算机网络"与"发展"分开的结果。而加上双引号后搜索则会显示完全匹配的内容。搜索的对比效果如图 1-6 和图 1-7 所示。

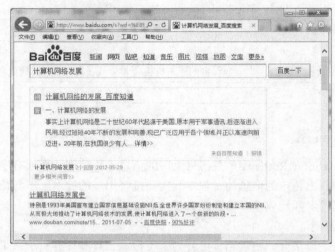

图 1-6　加引号前结果

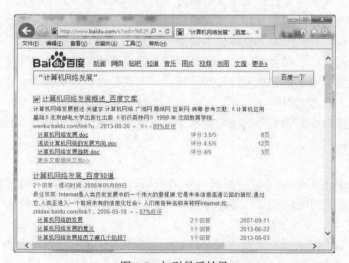

图 1-7　加引号后结果

（2）学会使用减号"－"

"－"的作用是去除无关的搜索结果，提高搜索结果的准确性。例如在百度搜索引擎中，需要找"申花"的企业信息，输入"申花"却搜索到很多关于"上海申花"的新闻，这些新闻的共同特征是"上海"，可以输入"申花－上海"（注意："申花"后要加一个空格）。

（3）学会使用空格

如果要输入多个关键词，中间可以用空格分隔，如"网络　信息　计算机"。

1.1.6　Internet 提供的服务

1. 万维网服务

万维网（Word Wide Web，WWW）服务是目前应用最广的一种基本互联网服务，通过 WWW 服务，只要用鼠标单击链接就可以访问互联网上的任何资源。由于 WWW 服务使用的是超文本链接，所以可以很方便地从一个信息页转换到另一个信息页。通过该服务用户不仅能查看文字，还可以欣赏图片、音乐、动画等。

万维网涉及的基本术语如下。

（1）超文本

超文本（Hypertext）是用超级链接的方法，将各种不同空间的文字信息组织在一起的网状文本。超文本更是一种用户界面范式，用以显示文本和文本之间相关的内容。现在超文本普遍以电子文档方式存在，其中的文字包含可以链接到其他位置的超级链接，允许从当前阅读位置直接切换到超文本链接所指向的位置。

（2）超媒体

超媒体是超级媒体的中文缩写。超媒体是一种采用非线性网状结构对块状多媒体信息（包括文本、图像、视频等）进行组织和管理的技术。　超媒体在本质上和超文本是一样的，只不过超文本技术在诞生的初期处理的对象是纯文本，所以叫做超文本。随着多媒体技术的兴起和发展，超文本技术的处理对象从纯文本扩展到多媒体，为强调处理对象的变化，就产生了超媒体这个词。

（3）统一资源定位符（URL）

Internet 上的每一个资源都具有一个唯一的名称标识，通常称之为 URL 地址，这种地址可以是本地磁盘，也可以是局域网上的某一台计算机，更多的是 Internet 上的站点。简单地说，URL 就是 Web 地址，俗称网址。

一个完整的 URL 包括访问方式、主机名、路径名和文件名。例如，http://xgy.wit.edu.cn/article/news/default.asp，其中 http 是超文本传输协议的英文缩写，xgy.wit.edu.cn 表示主机名，article/news 表示路径，default.asp 表示文件名。

2. 电子邮件服务

电子邮件（Electronic Mail，E-mail）又称电子信箱、电子邮政，它是一种用电子手段提供信息交换的通信方式。通过网络的电子邮件系统，用户可以用非常低廉的价格快速地发送信息到世界上任何指定的目的地，与世界上任何一个角落的网络用户联系。

电子邮件地址在 Internet 上是唯一的，电子邮件地址由两部分组成：用户名和域名。用户名和域名中间以@分隔，@前面为用户名，后面为邮件服务器的主机域名。例如，liuhua@hotmail.com，其中 hotmail.com 为主机域名，而 liuhua 表示在该邮件服务器上的一个用户名。

3. 文件传输服务

Internet 的入网用户可以使用"文件传输服务"（FTP）进行计算机之间的文件传输，使用 FTP

几乎可以传送任何类型的多媒体文件，如图像、声音、数据压缩文件等。

在 FTP 的使用当中经常遇到两个概念："下载"（Download）和"上传"（Upload）。"下载"文件是从远程主机拷贝文件至自己的计算机中；"上传"文件是将文件从自己的计算机中拷贝至远程主机中。

4. IP 电话服务

IP 电话是按国际互联网协议规定的网络技术内容开通的电话业务，中文翻译为网络电话或互联网电话，简单来说就是通过 Internet 网络进行实时的语音传输服务。它是利用国际互联网作为语音传输的媒介，实现语音通信的一种全新的通信技术。

此外，Internet 还提供了远程登录 Telnet 服务、QQ 聊天服务、MSN 等各种服务。

1.2　多媒体技术概述

多媒体技术是指通过计算机对文字、数据、图形、图像、动画、声音等多种媒体信息进行综合处理和管理，使用户可以通过多种感官与计算机进行实时信息交互的技术，又称为计算机多媒体技术。

1.2.1　媒体、多媒体简介

1. 媒体

（1）媒体的定义

媒体一词来源于拉丁语"Medium"，译为媒介，是信息的载体，是指传播过程中，携带和传递信息的中间物质，即媒体是信息得以存储和传播的介质。媒体有两层含义，一是承载信息的物体；二是储存、呈现、处理、传递信息的实体。

（2）媒体的分类

国际电话电报咨询委员会 CCITT（Consultative Committee on International Telephone and Telegraph，国际电信联盟 ITU 的一个分会）把媒体分成 5 类。

● 感觉媒体（Perception Medium）：指直接作用于人的感觉器官，使人产生直接感觉的媒体。如引起听觉反应的声音，引起视觉反应的图像等。

● 表示媒体（representation Medium）：指传输感觉媒体的中介媒体，即用于数据交换的编码。如图像编码（JPEG、MPEG 等）、文本编码（ASCII 码、GB2312 等）和声音编码等。

● 表现媒体（Presentation Medium）：指进行信息输入和输出的媒体。如键盘、鼠标、扫描仪、话筒、摄像机等为输入媒体；显示器、打印机、喇叭等为输出媒体。

● 存储媒体（Storage Medium）：指用于存储表示媒体的物理介质。如硬盘、软盘、磁盘、光盘、ROM 及 RAM 等。

● 传输媒体（Transmission Medium）：指传输表示媒体的物理介质。如电缆、光缆等。

图 1-8 所示为多种媒体的图示。

图 1-8　媒体图

2. 多媒体

（1）多媒体的定义

"多媒体"一词译自英文 "Multimedia"，而该词又是由 mutiple 和 media 复合而成的。是指多种媒体的结合应用。

（2）多媒体的解释

在计算机和通信领域，文字、图形、声音、图像、动画，都可以称为媒体。传统的计算机只能够处理单一媒体——"文字"，电视能够传播声、图、文集成信息，但它不是多媒体系统。通过电视，我们只能单向被动地接受信息，不能双向地、主动地处理信息，没有所谓的交互性。可视电话虽然有交互性，但我们仅仅能够听到声音，见到谈话人的形象，也不是多媒体。所谓多媒体，是指能够同时采集、处理、编辑、存储和展示两个或以上不同类型信息媒体的技术，这些信息媒体包括文字、声音、图形、图像、动画和活动影像等。

（3）多媒体的特点

多媒体技术有以下几个主要特点。

- 集成性：能够对信息进行多通道统一获取、存储、组织与合成。
- 控制性：多媒体技术是以计算机为中心，综合处理和控制多媒体信息，并按人的要求以多种媒体形式表现出来，同时作用于人的多种感官。
- 交互性：交互性是多媒体应用有别于传统信息交流媒体的主要特点之一。传统信息交流媒体只能单向地、被动地传播信息，而多媒体技术则可以实现人对信息的主动选择和控制。
- 非线性：多媒体技术的非线性特点可以改变人们传统循序性的读写模式。以往人们读写方式大都采用章、节、页的框架，循序渐进地获取知识，而多媒体技术借助超文本链接（Hyper Text Link）的方法，把内容以一种更灵活、更具变化的方式呈现给读者。
- 实时性：当用户给出操作命令时，相应的多媒体信息都能够得到实时控制。

1.2.2　多媒体计算机

1. 多媒体计算机的定义

多媒体计算机 （multimedia computer）指能够对声音、图像、视频等多媒体信息进行综合处理的计算机。多媒体计算机一般指多媒体个人计算机（MPC）。多媒体计算机如图 1-9 所示。

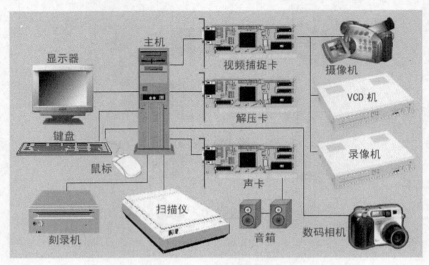

图 1-9　多媒体计算机

2. 多媒体计算机的组成

多媒体计算机系统由多媒体计算机硬件系统和多媒体计算机软件系统所组成，其组成结构如图 1-10 所示。

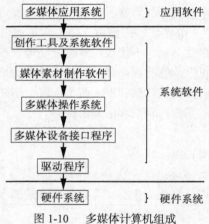

图 1-10　多媒体计算机组成

（1）多媒体计算机硬件系统

多媒体计算机硬件系统主要包括以下几部分。

- 多媒体主机：如个人机、工作站、超级微机等。
- 多媒体输入设备：如摄像机、麦克风、录音机、CD-ROM、扫描仪等。
- 多媒体输出设备：如打印机、绘图仪、音响、电视机、录像机、投影仪等。
- 多媒体存储设备：如硬盘、光盘、磁带、U 盘等。
- 多媒体功能卡：如视频卡、声卡、家电控制卡、通信卡等。
- 操作控制设备：如鼠标、操纵杆、键盘、触摸屏等。

（2）多媒体计算机的软件系统

多媒体计算机的软件系统是以操作系统为基础的。除此之外，还有多媒体数据库存储系统、多媒体压缩／解压缩软件、多媒体声像同步软件、多媒体通信软件等。特别需要指出的是，多媒体系统在不同领域中的应用需要有多种开发工具，而多媒体开发和创作工具为多媒体系统提供了方便直观的创作途径，一些多媒体开发软件包提供了图形、声音、动画、图像及各种多媒体文件的转换与编辑手段。

3. 多媒体计算机的特点

（1）高集成性

多媒体计算机采用具有高集成度的微处理器芯片，在单位面积上容纳更多的电器元件，大大提高了集成电路的可靠性、稳定性和精确性。多媒体计算机的高集成性还表现在把多种媒体信息有机地结合在了一起，使丰富的信息内容在较小的时空内得到完美的展现。

（2）全数字化

数字化是通过半导体技术、信息传输技术、多媒体计算机技术等实现信息数字化的一场信息技术革命。多媒体计算机的数字化技术是用 0 和 1 两位数字编码来实现信息的数字化，完成信息的采集、处理、存储、表达和传输。数字化后的信息，处理速度快，加工方式多，灵活性大，精确度高，没有复制失真和信号丢失现象，便于信息的存储、表达和网络传输。

（3）高速度

多媒体计算机采用的是高速的元器件，加上先进的设计和运算技巧，使它获得了很高的运算速度。现在的多媒体计算机，其运算速度每秒可达几亿次、数十亿次乃至上百亿次。这一高速化的发展，能使计算机跨进诸如高速实时处理图像、提高计算机智能化程度等很多新的领域，发挥其更大的作用。

（4）交互性

多媒体计算机的交互性主要表现为人与计算机的相互交流。如计算机通过友好的、多模式的人/机界面，能够读懂人们以手写字体输入的信息；能够识别具有不同语音、语调的人用自然语言输入的信息；能够对人们所输入的信息进行分析、判断和处理，并给出必要的反馈信息——提示、建议、评价或答案。

（5）高智能

多媒体计算机具有人的某些智慧和能力，特别是思维能力，会综合，会分析，会判断，会决策，能听懂人们所说的话，能识别人们所写的字，能从事复杂的数学运算，能记忆海量的数字化信息，能虚拟现实中的人和事物。

1.2.3　多媒体技术的发展

1. 多媒体技术的发展历史

20 世纪 80 年代中后期，多媒体计算机技术成为人们关注的热点之一。多媒体技术是一种迅速发展的综合性电子信息技术，它给传统的计算机系统、音频和视频设备带来了方向性的变革，对大众传媒产生深远的影响。多媒体计算机加速计算机进入家庭和社会各个方面的进程，给人们的工作、生活和娱乐带来深刻的变革。

多媒体技术初露端倪在 X86 时代，多媒体技术全面发展是在 PC 上出现第一块声卡后。

在 1987 年 8 月，创新音乐系统（C/MS）问世，这是第一块得到众多音乐软件支持的 12 复音立体声音乐合成卡。这张声卡的出现，不仅标志着电脑具备了音频处理能力，也标志着电脑的发展终于进入了一个崭新的阶段：多媒体技术发展阶段。

1988 年运动图像专家小组（Moving Picture Expert Group，MPEG）的建立又对多媒体技术的发展起到了推波助澜的作用。进入 20 世纪 90 年代，随着硬件技术的提高，自 80486 以后，多媒体时代终于到来。

自 MPEG 建立之后过了 12 年，多媒体时代的发展也经历了 12 年。在这 12 年中，多媒体技术发展之速可谓让人惊叹不已。不过，无论在技术上多么复杂，在发展上多么混乱，似乎有两条主线可循：一条是视频技术的发展，一条是音频技术的发展。从 AVI 出现开始，视频技术进入蓬勃发展时期。这个时期内的三次高潮主导者分别是 AVI、Stream（流格式）以及 MPEG。AVI 的出现无异于为计算机视频存储奠定了一个标准，而 Stream 使得网络传播视频成为了非常轻松的事情，那么 MPEG 则是将计算机视频应用进行了最大化的普及。而音频技术的发展大致经历了两个阶段，一个是以单机为主的 WAV 和 MIDI 技术阶段，一个就是随后出现的形形色色的网络音乐压缩技术的发展阶段。从 PC 喇叭到创新声卡，再到目前丰富的多媒体应用，多媒体改变着我们生活的方方面面。

2．多媒体技术的发展趋势

（1）流媒体技术

随着因特网的迅速普及，计算机正在经历一场网络化的革命。在这场变革中，传统多媒体手段由于其数据传输量大的特点而与现实的网络传输环境发生了矛盾，面临发展相对停滞的危机。虽然高速的网络连接手段可以从根本上解决这个问题，但是由于网络建设和消费者拥有成本等原因，短期内还不能大范围普及。

解决问题的一个很好的方法就是采用流媒体技术。所谓"流"，是一种数据传输的方式，使用这种方式，信息的接收者在没有接到完整的信息前就能处理那些已收到的信息。这种一边接收、一边处理的方式，很好地解决了多媒体信息在网络上的传输问题。人们可以不必等待太长的时间，就能收听、收看到多媒体信息。并且在此之后边播放边接收，根本不会感觉到文件没有传完。

（2）智能多媒体技术

多媒体技术充分利用了计算机的快速运算能力，综合处理声、文、图信息，用交互式弥补计算机智能的不足。发展智能多媒体技术包括很多方面，具体如下。

- 文字的识别和输入。
- 语音的识别和输入。
- 自然语言理解和机器翻译。
- 图形的识别和理解。
- 机器人视觉和计算机视觉。
- 知识工程以及人工智能的一些课题。

把人工智能领域某些研究课题和多媒体计算机技术很好地结合，就是多媒体计算机长远的发展方向。

（3）虚拟现实

虚拟现实是一项与多媒体密切相关的边缘技术，它通过综合应用计算机图像处理、模拟与仿真、传感、显示系统等技术和设备，以模拟仿真的方式，给用户提供一个真实反映操作对象变化与相互作用的三维图像环境，从而构成一个虚拟世界，并通过特殊的输入输出设备（如数据手套、头盔式三维显示装置等）提供给用户一个与该虚拟世界相互作用的三维交互式用户界面。

（4）网络化

与宽带网络通信等技术相互结合，使多媒体技术进入科研设计、企业管理、办公自动化、远程教育、远程医疗、检索咨询，文化娱乐、自动测控等领域。

1.2.4 多媒体计算机系统要解决的关键技术

多媒体应用涉及许多相关技术，主要包括：多媒体数据压缩技术、多媒体专用芯片技术、多媒体数据存储技术、多媒体数据库技术以及多媒体网络技术等。

1．多媒体数据压缩技术

研制多媒体计算机需要解决的关键问题之一，是要使计算机能实时地综合处理图、文、声等多种媒体信息，然而，数字化的声音、图像等媒体数据量非常大，因此需要对多媒体信息进行压缩和解压。

数据压缩的核心技术是压缩算法，目前常用的压缩算法有两种：一是无损压缩，主要用于文本和数据压缩，典型的有 Huffman 编码、游程编码；二是有损压缩，主要用于图像和声音，常用的有模型编码、矢量量化等。在具体应用时，多种压缩算法常常混合使用。如静态图像压缩的 JPEG，以及动态图像压缩的 MPEG 等。

2．多媒体专用芯片技术

多媒体专用芯片技术基于大规模集成电路技术，它是多媒体硬件体系结构的关键技术，因为要实现音频、视频信号的快速压缩、解压缩和播放处理，需大量的快速的计算来实现图像的特殊效果：如改变比例尺、淡入淡出等。图像的生成、绘制等处理以及音频信号的处理等，只有采用专用芯片进行，才能取得满意的效果。

除专用处理器芯片外，多媒体系统还需要其他集成电路芯片支持，如数模（D/A）和模数（A/D）转换器、音频、视频芯片、彩色空间变换器及时钟信号产生器等。

3．多媒体数据存储技术

从本质上说，多媒体系统是具有严格性能要求的大容量对象处理系统，因为多媒体的音频、视频、图像等信息虽经压缩处理，但仍需相当大的存储空间，即使大容量的硬盘，也存储不了许多媒体信息。在大容量只读光盘存储器，即 CD-ROM 问世后，才真正解决了多媒体信息存储空间的问题。在 CD-ROM 基础上，还开发有 CD-I 和 CD-V，即具有活动影像的全动作与全屏电视图像的交互可视光盘。在只读 CD 家族中还有称为"小影碟"的 VCD、可录式光盘 CD-R、画质和音质较高的光盘 DVD，以及用数字方式把传统照片转存到光盘，使用户在屏幕上可欣赏高清晰度照片的 Photo CD。

常用的 CD-ROM 光盘的存储容量为 650MB，采用双片粘贴结构的 DVD 光盘的容量可达17GB。另外，现在流行的闪存的存储容量也比较大，而且使用方便，价格也越来越便宜。

4．多媒体数据库技术

多媒体数据库技术是数据库技术与多媒体技术结合的产物。多媒体数据库不是对现有的数据进行界面上的包装，而是从多媒体数据与信息本身的特点出发，考虑将其引入数据库之后而带来的相关问题。

多媒体数据管理系统（MDBMS）的主要目标是实现媒体的混合、媒体的扩充和媒体的变换、能对多媒体数据进行有效的组织、管理和存取。

5．多媒体输入/输出技术

多媒体输入/输出技术包括多媒体输入/输出设备、媒体显示和编码技术、媒体变换技术、识别技术、媒体理解技术和综合技术。

6．多媒体网络技术

多媒体网络技术是多媒体技术和网络技术相结合的技术。目前，因特网上广泛应用了以文本、音频、图像等多媒体信息为主的网络通信，包括文件传输、电子邮件、远程登录、网络新闻和电子商务等以文本为主的数据通信以及以声音和电视图像为主的通信，都称为多媒体网络技术。

1.2.5　多媒体技术的应用

多媒体本身具有高集成性和强烈的渗透性的特点，它可以扩展到各个应用领域，尤其在教育训练、信息服务、数据通讯、医疗、娱乐、大众媒体传播、广告等方面。多媒体的应用如图1-11所示。

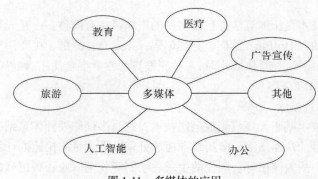

图 1-11　多媒体的应用

（1）教育

多媒体在教育上的应用，实质上是通过多媒体系统阅读电子书刊、演放教育类的多媒体节目。多媒体技术是传统计算机辅助教学软件的表现手段，从文字、图形和动画扩展成声音、动态图像，并具有极为强大的交互能力，便于学生自己调整进度，达到因材施教的效果。

（2）医疗

多媒体技术可以使远离服务中心的病人通过多媒体通信设备，如远距离多功能医学传感器和微型遥测装置身临其境地接受询问和诊断。也可以在短时间内，迅速联络世界各地的医疗专家，对疑难病例进行会诊，为抢救病人赢得宝贵的时间，并节省各种费用的开支。

（3）广告宣传

多媒体系统声像图文并茂，在宣传广告效果上有特殊的优势。制作广告节目要用专门的多媒体节目制作软件工具。

（4）旅游

旅游信息管理系统是随着计算机技术、信息技术、地理信息系统和旅游业的发展而形成的。旅游单位、景点分布、旅游路线、风土人情等方面的信息通过数字化、扫描、录音和摄像等技术录入计算机，并以图形、文字、声音、动画等方式进行管理。

另外，多媒体技术还在人工智能、办公智能化、电子出版物、多媒体通信等方面有广泛的应用。总之，多媒体技术应用在我们生活的方方面面。

1.2.6　多媒体技术的组成元素

多媒体技术中应用的主要媒体元素是表示媒体。表示媒体主要有3种：视觉类媒体、听觉类媒体和触觉类媒体。

1. 视觉类媒体

（1）符号

符号包括文字和文本。符号是用特定值表示的，如 ASCII 码、中文国标码等。

常见的文本编码格式如下。

● ASCII。ASCII 码是用 7 位二进制数表示一个字符，7 位二进制数可表示 2^7 共 128 个字符，包括数字 0~9、26 个大写英文字母、26 个小写英文字母、各种运算符（如+、−、*、/、=等）以及各种控制符。虽然 ASCII 码是 7 位的编码，但由于字节是计算机中的基本处理单位，一般仍用一个字节（8 位）存放 ASCII 码，其最高位一般置 0。

ASCII 标准使只含有 ASCII 字符的文本文件可以在 Unix、Macintosh、Microsoft Windows、DOS 和其他操作系统之间自由交互，而其他格式的文件是很难做到这一点的。但是，在这些操作系统中，换行符并不相同，处理非 ASCII 字符的方式也不一致。

● 汉字编码。对于英文，大小写字母总计只有 52 个，加上数字、标点符号和其他常用符号，128 个编码基本够用，所以 ASCII 码基本上满足了英语信息处理的需要。我国使用的汉字是象形文字，与西文字符相比，汉字的数量巨大，必须使用更多的二进制位。1981 年我国国家标准局颁布的《信息交换用汉字编码字符集·基本集》（GB 2312—80），收录了 6763 个汉字和 619 个图形符号。在 GB 2312—80 中，根据汉字使用频率分为两级，第一级有 3755 个，按汉语拼音字母的顺序排列，第二级有 3008 个，按部首排列。在 GB 2312—80 中规定用 2 个连续字节，即 16 位二进制代码表示一个汉字。由于每个字节的高位规定为 1，这样就可以表示 128×128=16 384 个汉字。

英文的基本符号比较少，编码比较容易，而且在计算机系统中，输入、内部处理、存储和输出都可以使用同一代码。汉字种类繁多，编码比英文要困难得多，而且在一个汉字处理系统中，输入、内部处理、输出对汉字代码要求不尽相同，所以用的代码也不尽相同。汉字信息处理系统在处理汉字和词语时，要进行输入码、机内码、字形码一系列的汉字编码转换。

（2）图形（矢量图）

图形是图像的抽象，它反映图像上的关键特征，如点、线、面等。图形的表示不直接描述图像的每一点，而是描述产生这些点的过程和方法，即用矢量表示。矢量图使用直线和曲线来描述图形，这些图形的元素是一些点、线、矩形、多边形、圆和弧线等，它们都是通过数学公式计算获得的。例如一幅花的矢量图形实际上是由线段形成外框轮廓，由外框的颜色及外框所封闭区域的颜色来决定花所显示的颜色。

矢量图的特点如下。

● 文件小，图形中保存的是线条和图块的信息，所以矢量图形文件与分辨率和图像大小无关，只与图形的复杂程度有关，图形文件所占的存储空间较小。

● 对图形进行缩放，旋转或变形操作时，图形不会产生锯齿效果。

● 可采取高分辨率印刷，矢量图形文件可以在任何输出设备如打印机上以打印或印刷的最高分辨率进行打印输出。

● 最大的缺点是难以表现色彩层次丰富的逼真图像效果。

● 矢量图与位图的效果具有天壤之别，矢量图无限放大不模糊，大部分位图都是由矢量导出来的，也可以说矢量图就是位图的源码，源码是可以编辑的。矢量图放大对比图如图 1-12 所示。

● 矢量图常见的格式有.CDR、.AI、.WMF、.EPS 等。

图 1-12　矢量图放大的对比图

（3）位图图像

位图图像（bitmap），亦称为点阵图像或绘制图像，是由称作像素（图片元素）的单个点组成的。这些点可以进行不同的排列和染色以构成图样。当放大位图时，可以看见赖以构成整个图像的无数单个方块。扩大位图尺寸的效果是增大单个像素，从而使线条和形状显得参差不齐。然而，如果从稍远的位置观看它，位图图像的颜色和形状又显得是连续的。常用的位图处理软件是Photoshop。

位图图像具有以下特点。

● 文件所占的存储空间大，对于高分辨率的彩色图像，用位图存储所需的储存空间较大。

● 位图放大到一定倍数后，会产生锯齿。由于位图是由最小的色彩单位"像素点"组成的，所以位图的清晰度与像素点的多少有关。位图放大后的对比图如图 1-13 所示。

● 位图图像在色彩、色调方面的表现效果比矢量图更加优越，尤其在表现图像的阴影和色彩的细微变化方面效果更佳。

● 位图常见的格式有.bmp、.jpg、.gif、.psd、.tif、.png 等。

● 处理软件有 Photoshop、ACDsee、画图等。每个像素的位数有 1（单色），4（16 色），8（256色），16（64K 色，高彩色），24（16M 色，真彩色），32（4096M 色，增强型真彩色）。

图 1-13　位图放大的对比图

（4）视频

视频又称动态图像，是一组图像按时间有序地连续表现。视频的表示与图像序列、时间关系有关。人眼具有一种视觉暂留的生物现象，即人观察的物体消失后，物体映像在人眼的视网膜上会保留一个非常短暂的时间，1/24s。利用这一现象，将一系列画面中物体移动或形状改变很小的图像，以足够快的速度（24~30f/s）连续播放，人就会感觉画面变成了连续活动的场景。

常用的数字视频的文件格式有 AVI 格式、MPG 格式、MOV 格式、WMV 格式等。

（5）动画

动画是动态图像的一种。它与视频的不同之处在于，动画采用的是计算机产生出来的图像或图形，而不像视频采用直接采集的真实图像。动画包括二维动画、三维动画等多种形式。

动画的概念不同于一般意义上的动画片，动画是一种综合艺术，它是集合了绘画、漫画、电影、数字媒体、摄影、音乐、文学等众多艺术门类于一身的艺术表现形式。

动画的常见格式有 GIF 格式、SWF 格式、FLIC FLI/FLC 格式等。

（6）其他

其他类型的视觉媒体形式还有如用符号表示的数值、用图形表示的某种数据曲线、数据库的关系数据等。

2．听觉类媒体

听觉类媒体主要指音频。音频是人类能够听到的所有声音，计算机的音频处理包括声波、语音和音乐 3 种格式。

（1）声波格式

声波格式可以记载以任何方式产生的可闻声音，如敲打、说话、噪声等。声波格式可以转换为波形文件（.wav）。波形声音如图 1-14 所示。

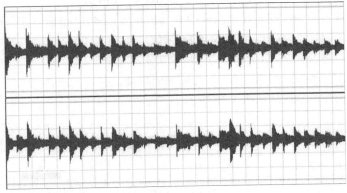

图 1-14　波形声音图

（2）语音

语音即语言的声音，是语言符号系统的载体。语音是最直接地记录思维活动的符号体系，是语言交际工具的声音形式。

（3）音乐

音乐与语音相比更规范一些，是符号化了的声音。但音乐不能对所有的声音都进行符号化。乐谱是符号化声音的符号组，表示比单个符号更复杂的声音信息内容。

3．触觉类媒体

（1）指点

指点包括间接指点和直接指点。通过指点可以确定对象的位置、大小、方向和方位，执行特定的过程和相应操作。

（2）位置跟踪

为了与系统交互，系统必须了解参与者的身体动作，包括头、手、眼、其他肢体部位的位置与运动方向。系统将这些位置与运动的数据转变为特定的模式，对相应的动作进行表示。

（3）力反馈与运动反馈

这与位置跟踪正好相反，是由系统向参与者反馈的运动及力的信息，如触觉刺激、反作用力、运动感觉以及温度和湿度等环境信息。这些媒体信息的表现必须通过电子、机械等的伺服机构才能实现。

1.3　多媒体计算机的硬件基础

多媒体个人计算机 MPC（Multimedia Personal Computer），指具有多媒体功能的个人计算机。1990 年，由多家计算机厂商联合制定了 MPC 产品的统一标准 MPC-Ⅰ标准，它规定了 MPC 硬件的最低规格。随后 1993 年、1995 年又先后制定了 MPC-Ⅱ和 MPC-Ⅲ标准。MPC-Ⅲ标准规定的最低规格如下。

- 微处理器（CPU）：75MHz Pentium（奔腾）。
- 内存（RAM）：8MB。
- 硬盘：50MB。
- 光盘驱动器（CD-ROM）：数据传输率为 600kb/s（4 倍速）。
- 显示器：能进行颜色空间转换和缩放的 Super VGA，640*480 分辨率，65535 色。
- 声卡：16 位声卡，波表合成技术，MIDI 播放。
- 视频播放：可进行 MPGE1 播放，声频/视频同步，30f/s（帧/秒）。
- 输入/输出端口（I/O）：MIDI 接口、游戏手柄端口、串口、并口。

多媒体计算机硬件设备连接如图 1-15 所示。

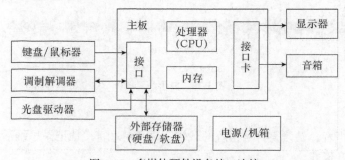

图 1-15　多媒体硬件设备接口连接

1.3.1　多媒体计算机的输入/输出设备

一个完整的计算机系统包括两大部分：硬件和软件。硬件又分为主机和外部设备，外部设备在整个计算机硬件系统中占有绝大部分的比重。而在外部设备中，输入设备和输出设备占据了大部分的比重，可见其重要性。下面从输入、输出两个方面分别进行介绍。

1. 输入设备

输入设备（Input Derice）是向计算机输入信息的外部设备。它将程序、数据、命令以及某些标志等信息按一定要求转换成计算机能够接收的二进制代码，并输送到计算机中进行处理的外部设备。按输入的信息形态不同，输入设备可以分为字符输入、图形输入、图像输入以及语音输入等。按功能和结构的不同，又可分为键盘、鼠标、触摸屏、扫描仪、数字化仪、数码影像输入设备、手写输入设备和语音识别器装置等。下面以上述第二种分类法介绍常用的输入设备。

（1）键盘

键盘是常用的计算机输入设备之一，它广泛应用于微型计算机和各种终端设备上，计算机操作者通过键盘向计算机输入各种指令、数据来指挥计算机的工作。计算机的运行情况输出到显示器，操作者可以很方便地利用键盘和显示器与计算机对话，对程序进行修改、编辑，控制和观察计算机的运行。键盘如图 1-16 所示。

常规的键盘有机械式按键和电容式两种。机械式键盘是最早被采用的结构，一般类似接触式开关的原理使触点导通或断开，具有工艺简单、维修方便、手感一般、噪声大、易磨损的特性，大部分廉价的机械键盘采用铜片弹簧作为弹性材料，铜片易折易失去弹性，使用时间一长故障率升高。电容式键盘是基于电容式开关的键盘，通过按键时改变电极间的距离引起电容容量改变从而驱动编码器。特点是无磨损且

图 1-16　键盘

密封性较好，噪声小，容易控制手感等。还有一种用于工控机的键盘为了完全密封采用轻触薄膜按键，只适用于特殊场合。

（2）鼠标

鼠标是常用的计算机输入设备之一，分有线和无线两种。也是计算机显示系统纵横坐标定位的指示器，因形似老鼠而得名"鼠标"。

鼠标按其工作原理及其内部结构的不同可以分为机械式、光机式和光电式。

鼠标和键盘构成了计算机的基本输入设备。

（3）扫描仪

扫描仪（Scanner）是一种捕捉图像（照片、文本、图画、胶片等，甚至三维图像），并将其转化为计算机可以显示、编辑、存储和输出的格式的数字化输入设备。扫描仪是一种精密的集光学、机械、电子于一身的高科技产品，是多媒体计算机的一种功能极强的输入设备。

扫描仪可分为 3 大类型：滚筒式扫描仪和平面扫描仪，以及近几年才有的笔式扫描仪、便携式扫描仪、胶片扫描仪、底片扫描仪和名片扫描仪等。扫描仪如图 1-17 所示。

扫描仪的技术指标有分辨率、灰度级、色彩数、扫描速度及扫描幅面等。

分辨率分为水平分辨率和垂直分辨率。水平分辨率（光学分辨率）由扫描仪的传感器以及传感器中的单元数量决定，分辨率越高，扫描的图像越清晰。垂直分辨率（机械分辨率）由步进电机在平板上移动时所走的步数决定。

图 1-17　扫描仪

灰度决定图像亮度的层次范围，灰度越高图像层次越丰富，目前可达 256 级灰度。色彩位决定扫描仪对颜色的区分能力，一般的扫描仪至少有 30 位色彩位数，高档扫描仪拥有 36 位色彩位数。扫描幅面是扫描仪支持的幅面大小，如 A4、A3、A1 和 A0。

（4）数码影像输入设备

其主流产品有数码相机、数码摄像机和数字摄像头 3 种。数码影相输入设备如图 1-18 所示。

数码相机又称数字相机。它是一种与计算机配套使用的、新型的数码影像设备。数码相机的分类方法很多，各有其特点和局限性。按所采用的图像传感器分类，数码相机可以分为线阵 CCD 相机、面阵 CCD 相机和 CMOS 相机；按其对计算机的依赖程度分类，可分为脱机型相机和联机型相机；按机身结构分类，可分为简易型相机、单反型相机和后背型相机；按使用对象分类，可分为家用型相机、商业型相机和专业型相机。数码相机的主要性能指标包括分辨率、彩色深度、光学镜头、镜头焦距、光圈和快门、白平衡、感光度、曝光补偿、曝光模式。

数码摄像机，是 Digital Video 的缩写，译成中文就是数字视频，它是多家著名家电巨擘联合制定的一种数码视频格式。在绝大多数场合 DV 即代表数码摄像机。它不仅可以记录活动图像，而且能够拍摄静态图像——相当于数码相机的功能，且记录的数字图像可以直接输入计算机进行编辑处理，从而使其应用领域大大扩展，成为多媒体计算机的一种重要的输入设备。

数字摄像头是随着互联网的发展而诞生的一种新的高科技的数码影像产品，是集灵活性实用性和可扩展性于一身的网络视频通信产品。它被广泛运用于视频会议、远程医疗及实时监控等方面。普通的人也可以彼此通过摄像头在网络进行有影像、有声音的交谈和沟通。另外，人们还可以将其用于当前各种流行的数码影像、影音处理。

图 1-18   数码影像输入设备

（5）触摸屏

触摸屏（touch screen）又称为触控屏、触控面板，是一种可接收触头等输入讯号的感应式液晶显示装置。触摸屏是一种最新的电脑输入设备，它是目前最简单、方便、自然的一种人机交互方式。触摸屏如图 1-19 所示。

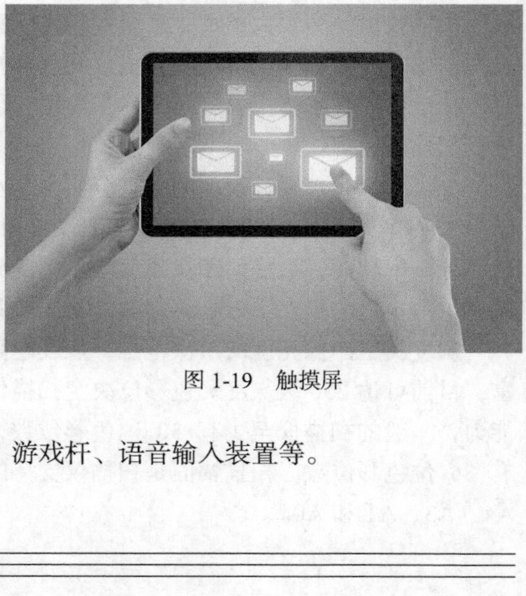

触摸屏是一种屏幕定位设备，当用户触及显示屏时，触摸屏就能检测到手指所触摸的屏幕位置，并将该位置坐标传给计算机。根据检测装置不同，触摸屏可分为电阻式、电容式、红外线式和声表面波式。

图 1-19   触摸屏

（6）其他输入设备

除此之外，还有其他输入设备，如手写输入板、游戏杆、语音输入装置等。

2. 输出设备

输出设备（Output Device）是计算机硬件系统的终端设备，用于接收计算机数据的输出显示、打印、声音、控制外围设备操作等。也是把各种计算结果数据或信息以数字、字符、图像、声音等形式表现出来。常见的输出设备有显示器、打印机、绘图仪、影像输出系统、语音输出系统、磁记录设备等。

（1）显示设备

显示设备，是多媒体计算机系统中实现人机交互的实时监视的外部设备，是计算机不可缺少的输出设备。显示设备主要由显示器件和有关电路组成，能提供符合视觉感受因素的视觉信息。按显示器件分类，可分为阴极射线管（CRT），等离子显示板（PDP），发光二极管（LED），液晶显示（LCD）等。各种显示器如图 1-20 所示。

CRT 显示器曾经是应用最广泛的显示器之一，CRT 显示器具有可视角度大、无坏点、色彩还原度高、色度均匀、可调节的多分辨率模式、响应时间极短等 LCD 显示器难以超过的优点。

LCD 显示器即液晶显示器，优点是机身薄，占地小，辐射小，但液晶显示屏不一定可以保护到眼睛，这需要看各人使用计算机的习惯。

LED 显示屏（LED panel），LED 就是 light emitting diode，发光二极管的英文缩写。它是一种通过控制半导体发光二极管的显示方式，用来显示文字、图形、图像、动画、视频、等各种信息的显示屏幕。

PDP（Plasma Display Panel，等离子显示器）是采用了近几年来高速发展的等离子平面屏幕技术的新一代显示设备。其优点是厚度薄、分辨率高、占用空间少且可作为壁挂电视使用。

另外还有 3D 显示器，代表了显示技术未来发展趋势，许多企业和研究机构一直在从事此方面的研究。

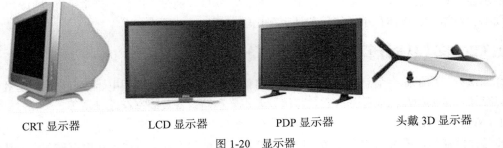

CRT 显示器　　　　LCD 显示器　　　　PDP 显示器　　　　头戴 3D 显示器

图 1-20　显示器

（2）打印机

打印机（Printer）是一种电脑输出设备，可以将电脑内储存的数据按照文字或图形的方式永久地输出到纸张或者透明胶片上。它可以按多种分类方法分类，按打印的实现方法可以分为击打式和非击打式；按输出方式可以分为字符式、行式和页式；按工作原理可以分为机电式、激光式、喷墨式、热感应式和静电式。目前市场上的主流产品是针式打印机、喷墨打印机和激光打印机。针式打印机如图 1-21 所示。

打印机的性能指标主要由分辨率、打印速度、预热时间、打印幅面、墨盒（硒鼓）的使用寿命等因素决定。

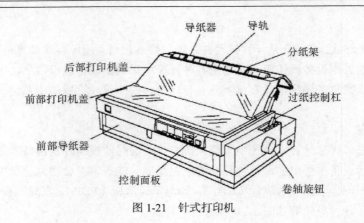

图 1-21　针式打印机

（3）绘图仪

自动绘图仪是直接由电子计算机或数字信号控制，用以自动输出各种图形、图像和字符的绘图设备。

绘图仪的种类很多，按结构和工作原理可以分为滚筒式和平台式两大类：滚筒式绘图仪结构紧凑，绘图幅面大。但它需要使用两侧有链孔的专用绘图纸。平台式绘图仪绘图精度高，对绘图纸无特殊要求，应用比较广泛。

（4）投影仪

投影仪是近年来逐渐推广开来的一种重要的输出设备，它能连接在计算机的显示器输出端口上，把应该在显示器上显示出来的内容投射到大屏幕甚至一面墙壁上，非常适合于课堂教学以及其他演示活动。目前的数据投影器可以达到像看计算机屏幕一样的良好的投影效果。

还有一种与数据投影器功能相仿的设备——数据投影板，是一块与计算机屏幕差不多大小的平板显示器。只要把它放在普通投影仪上，屏幕显示就可以通过投影仪的光学系统投射到大屏幕或墙面上。数据投影板体积小，使用和携带都比较方便。

1.3.2　多媒体计算机的存储设备

存储设备是用于储存信息的设备，通常是将信息数字化后再以利用电、磁或光学等方式的媒体加以存储。常见的存储设备分为磁盘存储设备、光存储设备及固态存储设备等。

1. 磁盘存储设备

磁盘存储器是以磁性物质为存储介质的存储器。它是利用磁记录技术在涂有磁记录介质的旋转圆盘上进行数据存储的辅助存储器。具有存储容量大、数据传输率高、存储数据可长期保存等特点。在计算机系统中，常用于存放操作系统、程序和数据，是主存储器的扩充。发展趋势是提高存储容量，提高数据传输率，减少存取时间，并力求轻、薄、短、小。常见的磁盘存储设备有硬盘、软盘等，是计算机最基本的配置。

2. 光存储设备

光存储设备现在主要有 CD 光驱、DVD 光驱、CD刻录机、DVD 刻录机等。光盘和光驱如图 1-22 所示。

CD-ROM（Compact Disc Read-Only Memory）即只读光盘，是一种在电脑上使用的光碟。这种光碟只能写

图 1-22　光盘和光驱

入一次数据，信息将永久保存在光碟上，使用时通过光碟驱动器读出信息。

CD-R 是一种一次写入、永久读的标准。CD-R 光盘写入数据后，就不能再刻写了。刻录得到的光盘可以在 CD-DA 或 CD-ROM 驱动器上读取。

CD-RW 是一种可擦写光盘。CD-RW 光盘与 CD-R 光盘主要有 3 方面不同：可重写（一般几百次），价格更贵，反射率更低。

DVD 数字多功能光盘通常用来播放标准电视机清晰度的电影和高质量的音乐以及存储大容量数据。

DVD+RW 是可反复写入的 DVD 光盘，又叫 DVD-E。是由 HP、SONY、Philips 共同发布的一个标准。

3. 固态存储设备

固态存储设备（Solid-state storage），又称为闪存 Flash Memory，是一种长寿命的非易失性（在断电情况下仍能保持所存储的数据信息）的存储器，是通过 USB（通用串行总线）接口与主机相连，即插即用。

闪存卡（Flash Card）是利用闪存技术达到存储电子信息的存储器，一般应用在数码相机、掌上电脑、MP3 等小型数码产品中作为存储介质。因其样子小巧，如同一张卡片，所以称之为闪存卡。

闪存主要有以下优点：体积小、抗震强、读取速度快、存储数据更加安全、质量轻等。

1.3.3 多媒体计算机的主要部件

多媒体计算机的硬件设备除了输入/输出设备、储存设备以外，还有音频卡、显卡、视频卡、网络接口等。

1. 音频卡

音频卡也称为声卡，是多媒体计算机的主要部件之一，是实现声波/数字信号相互转换的一种硬件。声卡通过插入主板扩展槽中与主机相连，卡上的输入、输出接口可以与相应的麦克风、扬声器等输入/输出设备相连。声卡的基本功能是把来自话筒、磁带、光盘的原始声音信号加以转换，输出到耳机、扬声器、扩音机、录音机等声响设备，或通过音乐设备数字接口（MIDI）使乐器发出美妙的声音。

（1）音频卡的工作原理

音频卡从话筒中获取声音模拟信号，通过模数转换器（A/D），将声波振幅信号采样转换成一串数字信号，存储到计算机中。重放时，这些数字信号送到数模转换器（D/A），以同样的采样速度还原为模拟波形，放大后送到扬声器发声，这一技术称为脉冲编码调制技术。

（2）音频卡的功能

音频卡主要有以下几个功能。

● 音频的录制与播放。利用声卡上的模数转换器，经过采样和量化，将模拟音频转为数字音频，以*.wav 等音频文件格式存储。

● 音频的编辑与合成。可以对计算机中的音频信息进行多种效果的编辑处理，如去噪声、增加回声、淡入淡出等。

● 设备连接。利用音频卡上的 CD-ROM 接口可以连接 CD-ROM 光盘驱动器，MIDI 接口可以连接带 MIDI 的电子乐器。另外，音频卡还可以连接盒式录音机、游戏操纵台等设备。

● 文语转换和语音识别。音频卡上的 DSP 数字信号处理器可以用来实现文语转换和语音识别功能。声卡与外部设备的连接如图 1-23 所示。

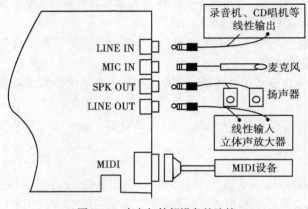

图 1-23　声卡与外部设备的连接

2. 显卡

显卡刚刚出现的时候被称之为"图形加速卡"，显卡全称显示接口卡（Video card，Graphics card），又称为显示适配器（Video adapter）或显示器配置卡，是计算机最基本配置之一。显卡由视频控制器、显存和显示处理器 3 部分组成。

（1）显存

显存是显示内存的。其主要功能是暂时储存显示芯片要处理的数据和处理完毕的数据。图形核心的性能愈强，需要的显存也就越多。

（2）显卡的分类

显卡分为集成显卡、独立显卡和核芯显卡。

集成显卡是将显示芯片、显存及其相关电路都集成在主板上，与其融为一体的元件，集成显卡的显示芯片有单独的，但大部分都集成在主板的北桥芯片中。集成显卡的优点是功耗低、发热量小、部分集成显卡的性能已经可以媲美入门级的独立显卡，所以不用花费额外的资金购买独立显卡。其缺点是性能相对略低，且固化在主板或 CPU 上，本身无法更换，如果必须换，就只能更换主板。

独立显卡是指将显示芯片、显存及其相关电路单独做在一块电路板上，自成一体而作为一块独立的板卡存在，它需占用主板的扩展插槽。独立显卡的优点是单独安装的显存，一般不占用系统内存，在技术上也较集成显卡先进得多，比集成显卡能够得到更好的显示效果和性能，容易进行显卡的硬件升级。其缺点是系统功耗有所加大，发热量也较大，需额外花费购买显卡的资金，同时（特别是对笔记本电脑）占用更多空间。

核芯显卡是新一代的智能图形核心，它整合在智能处理器当中，依托处理器强大的运算能力和智能能效调节设计，在更低功耗下实现同样出色的图形处理性能和流畅的应用体验。

图 1-24　视频卡

3. 视频卡

多媒体计算机中处理动态图像的适配器又称为视频卡。视频卡通过插入主板扩展槽与主机相连。其功能是将视频信号采集到电脑中,以数据文件的形式保存在硬盘上。视频卡的接口可连接摄像机、影碟机、录像机和电视机等设备。视频卡如图 1-24 所示。

（1）视频卡的工作原理

视频采集卡又称视频捕捉卡,用它可以获取数字化视频信息,并将其存储和播放。其功能是将视频信号采集到电脑中,以数据文件的形式保存在硬盘上。它是进行视频处理必不可少的硬件设备,通过它对数字化的视频信号进行后期编辑处理,比如剪切画面、添加滤镜、字幕和音效、设置转场效果以及加入各种视频特效等,最后将编辑完成的视频信号转换成标准的 VCD、DVD 以及网上流媒体等格式,方便传播。

（2）视频卡的分类

视频卡的类型有多种,下面介绍几种常见的视频卡。

● 视频采集卡。通过视频采集卡,可以把摄像机拍摄的视频信号从摄像带上转存到计算机中,利用相关的视频编辑软件,对数字化的视频信号进行后期编辑处理。

● 视频叠加卡。可将计算机的 VGA 信号与视频信号相叠加,然后把叠加的信号在显示器上显示。视频叠加卡主要用于对连续图像进行处理,产生特技效果。

● 压缩/解压缩卡。压缩/解压缩卡可用来对连续的图像进行压缩和解压。

● 电视编码卡。可以将计算机的 VGA 信号转成视频信号。这种卡一般用于把计算机屏幕信息发送到电视机或录像设备。

4. 网络接口

网络接口是实现多媒体通信的重要 MPC 扩充部件。计算机和通信技术的结合需要专门的多媒体外部设备将数据量庞大的多媒体信息（视频电话机、传真机、LAN 和 ISDN）传送出去或接收进来。

1.4　多媒体计算机的软件基础

多媒体软件系统主要包括多媒体操作系统、多媒体数据处理软件、多媒体创作工具软件和多媒体应用软件。

1.4.1　多媒体操作系统

多媒体操作系统是多媒体计算机系统的核心,负责多媒体环境的多任务调节、媒体的同步、多媒体外部设备的管理等。

1. 多媒体操作系统的要求

● 实时性： 多媒体操作系统必须能够处理实际媒体,满足实时性要求。

● 多任务：传统的操作系统一般具备多任务能力,但多媒体操作系统要求更高,如实现任务间的同步。

● 大内存的管理能力：如满足实时性的虚拟内存技术。

● 可扩展性：设备的独立、可扩展性,支持快速外围设备。

● 集成性：具有满足各种媒体间的方便的集成方法（如文件管理技术）。

● 快速的图形处理技术：可快速对图形进行分析以达到所需的结果。

2. 常见的多媒体操作系统

现在常用的多媒体操作系统有 Mac OS 操作系统和 Windows 操作系统。

（1）Windows 操作系统

Windows 95 以后的操作系统就属于多媒体操作系统。Windows XP 以后更是从系统级上支持多媒体功能，给用户提供了更加丰富多彩的交互式多媒体环境。

（2）Mac OS 操作系统

Mac 系统是苹果机专用系统，是基于 UNIX 内核的图形化操作系统，增强了系统的稳定性、性能和响应能力。

1.4.2 多媒体数据处理系统

多媒体数据处理系统用于采集和加工多媒体数据。媒体数据加工技术主要应用于多媒体数据库（MMMD）。多媒体数据库是数据库技术与多媒体技术结合的产物。多媒体数据库需处理的信息包括数值（number）、字符串(string)、文本(text)、图形（graphics）、图像（image）、声音（voice）和视像（video）等。对这些信息进行管理、运用和共享的数据库就是多媒体数据库。

多媒体数据库具有以下特点。

① 数据量大。多媒体应用要求对分布在不同存储媒体上的大量数据进行数据库管理。另外，不能把所有的多媒体信息都保存在一台机器上，必须通过网络加以分发，这对数据库的数据存储具有一定的挑战性。

② 实时性要求。除了需要大量的存储容量，对多媒体数据库管理系统具有实时性的要求。

③ 不同媒体之间的特性差异大。媒体种类的增多增加了数据处理的复杂程度。系统中不仅有声音、文字、图形、图像、视频等不同种类的媒体，而且同种媒体也会有不同的存储格式。例如图像有 16 色、256 色、16 位色和真彩色之分；有彩色和黑白图像之分；有 BMP、GIF 和 JPG 格式之分等。不同的格式、不同的类型需要不同的数据处理方法。这要求多媒体数据库管理系统能不断地扩充新的媒体类型及其相应的处理方法，这无疑增加了数据库在处理和管理这些媒体数据的复杂性。

④ 数据库的接口、操作形式、查询方式不同。由于多媒体数据的复合、分散和时序等特性，使得数据库的查询不可能只通过字符进行，而应通过基于媒体内容的语义查询。

⑤ 处理长事务的能力。传统数据库中的事务一般较短小，在多媒体数据管理系统中也应尽可能采用短事务。但在某此场合不得不处理长事务，如从视频库中取出并播放一部数字化电影，数据库应保证播放过程不中断。

⑥ 多媒体数据库管理版本控制问题。在具体的应用中，常常会涉及记录和处理某个对象的不同版本。

1.4.3 多媒体创作及应用软件

多媒体应用软件主要是一些创作工具或多媒体编辑工具，包括文字处理软件、图形图像处理软件、动画制作软件、声音编辑软件以及视频编辑软件。这些软件，概括来说，分别属于多媒体播放软件和多媒体制作软件。

常见的多媒体软件如下。

- 文字处理：记事本、写字板、Word、WPS 等。
- 图形图像处理：Photoshop、CorelDraw、Freehand　AutoCAD 等。
- 动画制作软件：Autodesk Animator Pro、3DS MAX、Maya、Flash 等。

- 声音编辑软件：Ulead Media Studio、Sound Forge、Audition(Cool Edit)、Wave Edit 等。
- 视频编辑软件：绘声绘影、Adobe Premiere、After Effects 等。
- 媒体播放软件：Realplayer、KMplayer、暴风影音、千千静听等。
- 即时通信软件：QQ、MSN 等。
- 图像浏览软件：ACDSee、美图看看等。

习 题

一、选择题

1. 目前，Internet 网最主要的服务方式是（ ）。
   A. E-mail   B. FTP   C. USEnet   D. WWW
2. 将计算机网络按拓扑结构分类，不属于该类的是（ ）。
   A. 星型网络   B. 总线型网络   C. 环型网络   D. 双绞线网络
3. Internet 中的 IPv4 地址采用（ ）位二进制。
   A. 16   B. 32   C. 64   D. 128
4. B 类 IP 地址的默认子网掩码是（ ）。
   A. 255.255.255.0   B. 255.255.0.0   C. 255.0.0.0   D. 255.225.0.0
5. 下列选项属于局域网的为（ ）。
   A. LAN   B. WAN   C. CAN   D. MAN
6. 下列选项中，能处理图像的媒体工具是（ ）。
   A. Word   B. Excel   C. WPS   D. Authorware
7. 在多媒体计算机系统中，不能用以存储多媒体信息的是（ ）。
   A. 磁带   B. 光缆   C. 磁盘   D. 光盘
8. 有些类型的文件因为它们本身就是以压缩格式存储的，因而很难进行压缩，例如（ ）。
   A. WAV 音频文件   B. BMP 图像文件
   C. TXT 文本文件   D. JPG 图像文件
9. 下面属于多媒体输入设备，又属于多媒体输出设备的是（ ）。
   A. VCD   B. 录音机   C. 显示器   D. 摄像机
10. 下面属于多媒体输入设备的是（ ）。
    A. 扫描仪   B. 显示器   C. 打印机   D. 绘图仪
11. 下面属于多媒体输出设备的是（ ）。
    A. 键盘   B. 鼠标   C. 投影仪   D. 触摸屏
12. 常用的光存储系统有（ ）。
    A. 只读型   B. 一次写型   C. 可重写型   D. 以上全部
13. 音频卡一般不具备的功能是（ ）。
    A. 录制和回放数字音频文件   B. 混音
    C. 语音特征识别   D. 实时解压缩数字音频文件
14. 在 Windows XP 中，波形声音文件的扩展名是（ ）。
    A. AVI   B. WAV   C. MID   D. CMF

15. Windows XP 自带的图像编辑工具是（　　）。
    A. Photoshop　　　B. ACDSee　　　C. 画图工具　　　D. 绘声绘影

16. 以下不属于多媒体声卡功能的是（　　）。
    A. 录制音频文件　　　　　　　　　B. 录制视频文件
    C. 压缩和解压音频文件　　　　　　D. 可与 MIDI 设备连接

17. 使用触摸屏哪个说法不正确（　　）。
    A. 使用触摸屏是用手指操作直观、方便　　B. 使用触摸屏操作简单，无需学习
    C. 使用触摸屏简化了人机接口　　　　　　D. 使用触摸屏要求对用户有较高的技术要求

18. 以下软件中，不属于视频播放软件的是（　　）。
    A. Winamp　　　B. Media Player　C. QuickTime Player　D. Real Player

19. JPG 格式属于的存储格式是（　　）。
    A. 图形　　　　B. 动态图形　　　C. 静态图像　　　D. 动态图像

20. 一台典型的多媒体计算机在硬件上不应该包括（　　）。
    A. 功能强、速度快的中央处理器（CPU）　　　B. 网络交换机
    C. 高分辨率的显示接口与设备　　　　　　　　D. 大容量的内存和硬盘

二、填空题

1. 网络拓扑结构主要有 5 种：星型拓扑结构、_____拓扑结构、_____拓扑结构、_____拓扑结构和网状拓扑结构。

2. 计算机网络按覆盖范围可分为_____、_____和广域网。

3. 对于 IPv4 来说，IP 地址为_____位，MAC 地址为_____位。

4. 域名后缀.edu 表示_____意思。

5. 媒体可分为感觉媒体、_____、_____、_____和传输媒体。

6. 多媒体计算机由_____和_____两部分组成。

7. 多媒体计算机技术具有集成性、_____、交互性、_____、_____等特性。

8. CD-ROM 表示_____，CD-RW 表示_____。

9. 多媒体计算机的主要部件有_____、_____、视频卡和网络接口卡等。

10. 多媒体软件主要包括多媒体操作系统、多媒体数据处理软件、_____、_____等。

三、简答题

1. 简述计算机网络常见的拓扑结构及其特点。

2. IP 地址分为哪几类？

3. 计算机网络按覆盖范围分为哪几类？特点分别是什么？

4. 多媒体的基本特性有哪些？

5. 什么是媒体？什么是多媒体？

6. 多媒体技术的基本组成元素有哪些？

7. 什么是多媒体计算机？

8. 简述多媒体计算机的发展趋势？

9. 多媒体技术主要应用在哪些方面？

第2章
网页制作

网页制作是应用各种网络程序开发技术和网页设计技术为企事业单位、公司或个人在全球互联网上建设站点、注册域名和进行主机托管等服务的总称。用户可以根据自己的需要通过网页制作软件制作出美观实用的网页。

通过本章的 2.1~2.7 节的学习，读者应掌握以下知识。

- 网页、网站、主页的基本概念。
- HTML 的概念。
- 网页中文本、表格、图片的应用。
- 网页中超链接的应用。
- 网页的布局模式。
- 站点的发布。

通过本章的 2.8 节的学习，读者应了解以下知识。

- 网页中行为的应用。
- 网页中时间轴的应用。

2.1 网页制作基础

随着计算机、网络和通信技术的发展，Internet 在人们的生活、学习和工作中的作用越来越重要。通过发布个人、公司、企业网站来宣传个人形象、推广公司产品等已成为一种流行。因此，掌握网页制作技术已成为现代人的能力体现之一。

2.1.1 网页的基本概念

1. 网页

网页是构成网站的基本元素，是承载各种网站应用的平台。网页文件由网址（URL）来识别与存取，在访问一个网站时，首先看到的页面称为该网站的主页。大多数主页的文件名是 index、default、main 或 portal 加上扩展名。图 2-1 所示为百度主页。

图 2-1　百度主页

2．网站

网站是指在因特网上，根据一定的规则，使用 HTML 等语言制作的用于展示特定内容的相关网页的集合。每个网页在服务器上都是以文件形式存放的，通常在服务器上有多个主题相关的网页，这些网页按照一定的组织结构、以超链接方式连接在一起，形成一个整体就构成了网站。

在因特网的早期，网站还只能保存单纯的文本。经过几年的发展，图像、声音、动画、视频，甚至 3D 技术都可以通过因特网得到呈现。通过动态网页技术，用户也可以与其他用户或者网站管理者进行交流，也有一些网站提供电子邮件服务或在线交流服务。

3．网页的类型

（1）静态网页

在网站设计中，纯粹 HTML 格式的网页通常称为静态网页，扩展名一般为.html 或.htm。静态网页可以包含文本、图像、声音、Flash 动画、客户端脚本和 ActiveX 控件及 JAVA 小程序等。静态网页是相对为动态网页而言的，是指没有后台数据库、不含程序和不可交互的网页。静态网页也可出现各种动态的效果，如 GIF 动画、Flash 等。

静态网页的特点如下。

● 静态网页每个网页都有一个固定的 URL，且网页 URL 以.htm、.html 等常见形式为后缀，不含 "?"。

● 网页内容一经发布到网站服务器上，无论是否有用户访问，每个静态网页的内容都保存在网站服务器上。

● 静态网页的内容相对稳定，因此容易被搜索引擎检索。

● 静态网页没有数据库的支持，当网站信息量很大时，完全依靠静态网页制作方式则比较困难。

● 静态网页的交互性较差，在功能方面有较大的限制。

（2）动态网页

动态网页是通过网页脚本与语言自动处理、自动更新的页面，是运行在服务器端，有后台数据库、可交互的网页。动态网页一般以.asp、.aspx、.php 和.jsp 为文件扩展名。程序是否在服务器端运行是区分动态网页和静态网页的重要标志。动态网页一般在网页网址中有一个标志性的符号 "?"。

动态网页的特点如下。

- 动态网页没有固定的 URL。
- 动态网页一般以数据库技术为基础，可以大大降低网站维护的工作量。
- 采用动态网页技术的网站可以实现更多的功能，如用户注册、用户登录、在线调查、用户管理、订单管理等。
- 动态网页实际上并不是独立存在于服务器上的网页文件，只有当用户请求时服务器才返回一个完整的网页。
- 动态网页中的 "?" 对搜索引擎检索存在一定的问题。

2.1.2　HTML 简介

1. HTML 语言简介

HTML（HyperText Mark-up Language）即超文本标记语言（标准通用标记语言下的一个应用）或超文本链接标示语言，是目前网络上应用最为广泛的语言，也是构成网页文档的主要语言。它通过各种标记描述不同的内容，说明段落、标题、图像和文字等在浏览器中的显示效果。

HTML 能够将 Internet 中不同服务器上的文件连接起来，如将文字、声音、图像、动画和视频等媒体有机组织起来，展示出五彩缤纷的画面。HTML 文件独立于平台，对多平台兼容，通过网页浏览器能够在任何平台上阅读。

2. HTML 基本语法结构

HTML 文件由标记和标记内容构成，标记内容被封装在由 "<" 和 ">" 构成的尖括号中，HTML 标记的一般格式为

```
<标记符>内容</标记符>
```

标记符一般需要成对使用，前面的<标记符>表示某格式或指令的开始，后面的</标记符>表示格式的结束。

3. HTML 文档结构

HTML 文档必须以<html>开始，以</html>结束，其他标记都包含在里面。在这两个标记间，HTML 文件主要包含文件头部和主体两个部分。

查看网页源文件，可见 html 文件格式如图 2-2 所示。

整个文档包含在 HTML 标记中，<html>和</html>成对出现，<html>处于文档开始；</html>处于文档结束。

头部文件用<head>标记，<head>和</head>成对出现，它们之间包含文件的标题<title>我的主页</title>。文件的标题部分可在浏览器的顶端标题栏中显示。文件头部是对网页信息进行说明，在文件头部定义的内容通常不在浏览窗口中出现。

文件主体部分用<body>标记，网页的内容写在主体部分，它是网页的核心。HTML 主体部分的内容显示在浏览器窗口中。

图 2-2　HTML 文件

2.1.3　网站设计的基本步骤

建立一个网站首先要在本地硬盘上建立一个站点，即存放网站所有文档的文件夹。网页制作完成后，再把这些文档发布到服务器上。一般而言，设计网站需要经过以下几个步骤。

➤ 确定网站主题。确定网站的主题和风格，收集素材，例如文字内容、图像、声音、Flash

和视频文件等。

➢ 创建站点。在本地硬盘上建立一个站点，在站点中建立若干文件夹，分别存放各类文档。例如，Flash 文件夹存放动画文件，Content 文件夹存放网页文件等。

➢ 编辑网页。设计页面之间的链接关系，设计和制作各个网页。

➢ 发布站点。将本地站点中的所有文档发布到服务器。

2.2 Dreamweaver 8 的基本操作

上一节介绍了网页制作的基础知识，本节将介绍 Dreamweaver 8 的工作界面及基本操作。

2.2.1 Dreamweaver 8 简介

Dreamweaver 简称 "DW"，中文名称 "梦想编织者"，是美国 Macromedia 公司开发的集网页制作和网站管理于一身的所见即所得网页编辑器，Dreamweaver 是第一套针对专业网页设计师特别开发的视觉化网页开发工具，利用它可以轻而易举地制作出跨越平台限制和跨越浏览器限制的充满动感的网页。它的出现使网页的创作变得非常轻松，并且与 Fireworks 和 Flash 一起被人们称为 "网页三剑客"。它是目前最受欢迎的网页制作软件之一。

2.2.2 Dreamweaver 8 工作界面

选择桌面 "开始" → "所有程序" → "Macromedia" → "Macromedia Dreamweaver 8" 选项，进入 Dreamweaver 8，然后选择布局模式 "设计器"，即可进入其启动界面。Dreamweaver 工作区的操作界面集中了多个面板和常用工具，主要包括标题栏、菜单栏、插入栏、文档工具栏、文档窗口、状态栏、属性面板、浮动面板组和文件面板组等。如图 2-3 所示。

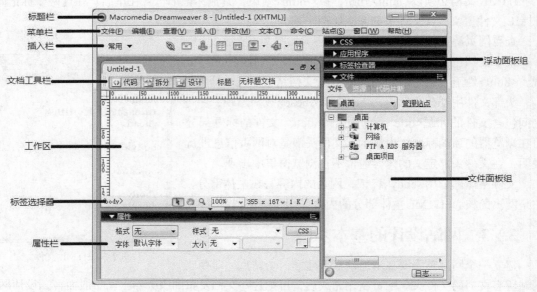

图 2-3 Dreamweaver 窗口界面

1. 标题栏

"标题栏"显示了应用程序、正在编辑的文档名称,以及最小化、最大化和关闭按钮。

2. 菜单栏

"菜单栏"主要包括了文件、编辑、查看、插入、修改、文本、命令、站点、窗口、帮助菜单。

- 文件:用于查看当前文档或对当前文档进行相关操作,包括新建、打开、保存等。
- 编辑:用于文本的编辑、选择、搜索和设置,包括复制、粘贴、剪切、查找和替换、首选参数等。
- 查看:用于查看文档的各种视图,包括放大和缩小、切换视图、隐藏面板和工具栏等。
- 插入:用于将页面元素插入到网页中,包括插入标签、图像、媒体、表格等。
- 修改:用于更改页面元素,包括页面属性、表格、图像、转换等。
- 文本:用于设置文本格式,包括缩进、段落格式、列表、字体等。
- 命令:提供了各种命令的访问,包括开始录制、获取更多命令等。
- 站点:用于创建与管理站点,包括新建与管理站点、获取与取出、上传与存回等。
- 窗口:对所有面板、检查器和窗口访问,包括插入、属性、CSS 样式、工作区布局等。
- 帮助:内含 Dreamweaver 的帮助信息。

3. 插入栏

"插入栏"用于将各种类型的对象插入到文档中,如图 2-4 所示。

图 2-4 "插入栏"制表符状态

4. 文档工具栏

"文档工具栏"包含按钮和弹出式菜单,提供代码视图、拆分视图和设计视图,还有验证标记、文件管理、在浏览器中预览/调试、刷新设计视图、视图选项和可视化助理等按钮,如图 2-5 所示。

图 2-5 "文档"工具栏

- 【代码】按钮:仅在文档中显示 HTML 源代码。
- 【拆分】按钮:在文档窗口中可同时显示 HTML 源代码和页面设计效果。
- 【设计】按钮:仅在文档窗口中显示网页设计效果。
- 标题:设置或修改文档标题,用户为文档输入的标题将显示在浏览器的标题栏中。
- 【检查浏览器兼容性】按钮 ：检查用户的 CSS 是否对于各种浏览器兼容。
- 【验证标记】按钮 ：验证当前文档或选中的标签。
- 【文件管理】按钮 ：通过"文件管理"弹出式菜单实现消除只读属性、获取、取出、上传等功能。
- 【在浏览器中预览/调试】按钮 ：允许用户在浏览器中预览或调试文档。
- 【刷新设计视图】按钮 ：用户在"代码"视图中进行更改后刷新文档的"设计"视图。
- 【视图选项】按钮 ：通过其弹出式菜单可实现标尺、网格、辅助线等视图的显示和关闭。

●【可视化助理】按钮 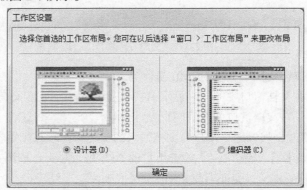：可以使用不同的可视化助理来设计页面。

在"文档工具栏"上单击鼠标右键，在弹出的菜单中选择"标准"选项，将显示"标准"工具栏，如图 2-6 所示。包括了一些常用的快键工具，如保存，剪切，复制、粘贴等。

图 2-6　"标准"工具栏

5. 文档窗口

显示当前创建和编辑的文档。

6. 属性面板

属性面板又称为属性检查器，利用属性面板可以查看和更改所选对象的各种属性。所选对象不同，属性面板中的内容也不同。单击属性面板的名称可以展开或折叠属性面板。还可以通过单击并拖动的方法移动该面板的位置。

7. 浮动面板组

浮动面板组是 Dreamweaver 操作界面的一大特色，用户可以根据自己的需要打开相应的面板和面板组。可以通过单击面板组名称展开和折叠面板组，也可通过单击并拖动的方法改变面板的位置。

8. 文件面板

"文件"面板用来管理站点中的文件和文件夹。

2.2.3　定义工作环境

Dreamweaver 为了满足不同用户的使用习惯，允许用户对工作环境自定义。工作环境包括外观、功能和视图等。

1. 设置工作区布局模式

Dreamweaver 8 有两种布局模式，分别是设计器模式、编码器模式，首次启动 Dreamweaver 将显示工作区设置，如图 2-7 所示。

图 2-7　布局模式

进入 Dreamweaver 8 的界面后，可通过菜单栏的"窗口"→"工作区布局"选项来更改布局模式。

2. 编辑首先参数

选择"编辑"→"首选参数"选项，打开"首选参数"对话框，在"分类"列表中选择相应的项目，设置其相关属性，如图 2-8 所示。

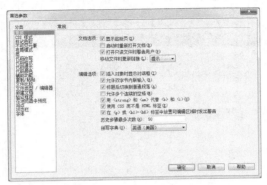

图 2-8 "首选参数"对话框

2.2.4 站点的基本操作

网页制作最好先按照规划创建一个站点，以便对制作网页的各种资源进行管理。

1. 创建站点

在 Dreamweaver 中可以通过"文件"面板中的"管理站点"创建站点，也可以通过"菜单栏"的"站点"→"新建站点"选项来创建站点。

使用"文件"面板中的"管理站点"创建站点的步骤如下。

➤ 在"文件"面板选择"管理站点"超级链接，将打开"管理站点"对话框，如图 2-9 所示。

➤ 选择【新建】按钮，在出现的下拉列表中选择"站点"，出现"站点定义"向导，如图 2-10 所示

图 2-9 "管理站点"对话框

图 2-10 定义站点

➤ 单击【下一步】按钮，设置是否需要服务器，此时选择"否，我不想使用服务器"。

➤ 单击【下一步】按钮，设置文件存储的位置（如 E 盘我的网站文件夹下），如图 2-11 所示。

图 2-11　设置文件存储位置

➤ 单击【下一步】按钮，设置"您如何连接到远程服务器"，此处选择"无"。

➤ 单击【下一步】按钮，完成站点创建后，在"文件"面板中将会显示创建的站点。

2. 打开站点

利用 Dreamweaver 一次只可打开操作一个站点。在文件面板"站点名称"下拉列表中选择已创建好的站点即可。

3. 编辑站点

通过"站点"→"管理站点"选项调出"管理站点"对话框，单击其中的【编辑】按钮，可以对站点进行编辑，如改变站点的名称及存储位置，如图 2-12 所示。

图 2-12　编辑站点

4．删除站点

调出"管理站点"对话框，选择要删除的站点，单击【删除】按钮，即可删除创建的站点。

5．复制站点

如果用户需要创建多个结构相同或类似的站点，可以复制站点。通过"管理站点"中的【复制】按钮，即可产生一个站点的副本。复制的站点名称将会出现在"管理站点"对话框的站点列表中。

6．导出和导入站点

使用"管理站点"中的【导出】和【导入】按钮可将站点导出和导入。站点的导出和导入可以实现站点在各计算机之间的移动。

2.2.5　站点中文件和文件夹的管理

网站是由多个文件和文件夹所组成的，利用"文件"面板，可以对本地站点中的文件或文件夹进行新建、复制和删除等操作。

1．新建文件或文件夹

（1）新建文件夹

打开"文件"面板，在新建的站点下需要创建文件夹的位置单击鼠标右键，在弹出的列表中选择"新建文件夹"，即可创建一个新的文件夹。新建的文件夹名称处于可编辑状态，可以对其重命名。

（2）新建文件

方法一：在"文件"面板下，需要创建文件的位置单击鼠标右键，在弹出的列表中选择"新建文件"，即可创建一个新的 HTML 网页文件。新建文件夹及文件如图 2-13 所示。

方法二：在菜单栏选择"文件"→"新建"选项，打开"新建文档"对话框，在"常规"选项卡下选择"基本页"中的"HTML"。此时新建的文件可以直接进行编辑。

图 2-13　新建文件夹及文件

2．复制、移动文件或文件夹

在"文件"面板下选择要移动或复制的文件或文件夹，单击鼠标右键，在弹出的列表中选择"编辑"→"剪切"或"拷贝"选项。选择目标位置，单击鼠标右键，在弹出的列表中选择"编辑"→"粘贴"选项，即可实现文件或文件夹的移动或复制。

3．删除文件或文件夹

删除文件或文件夹的方法与复制、移动文件或文件夹的方法相似。

方法一：在"文件"面板下选择要删除的文件或文件夹，单击鼠标右键，在弹出的列表中选择"编辑"→"删除"选项，即可删除选择的文件或文件夹。

方法二：选择文件或文件夹，按【Delete】键删除。

4．编辑文件

在"文件"面板下双击需要编辑的文件即可对该文件进行编辑。

5．保存文件

方法一：在"插入栏"上单击鼠标右键，在弹出的列表中勾选"标准"工具栏，在显示的"标准"工具栏中单击【保存】按钮。

方法二：在菜单栏中选择"文件"→"保存"选项，弹出"另存为"对话框，设置保存位置，单击【保存】按钮。

方法三：使用组合快捷键【Ctrl+S】也可保存文件。

6. 打开文件

在菜单栏选择"文件"→"打开"选项，选择需要进行编辑的网页，单击【打开】按钮即可。

7. 浏览文件

对创建好的网页，可以在浏览器中浏览，方法如下。

方法一：使用快捷键【F12】。

方法二：在"文档"工具栏单击【在浏览器中预览/调试】按钮。

2.2.6　站点的发布

站点发布的步骤如下。

➤ 申请域名，得到网站的用户名和密码。

➤ 单击"文件"面板的"展开以显示本地和远端站点"按钮 ⊡ ，打开 Dreamweaver 的站点管理窗口，单击"定义远程服务器"链接，如图 2-14 所示。

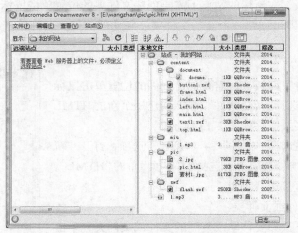

图 2-14　定义远程服务器

➤ 在弹出的对话框的"分类"选项下选择"远程信息"，在"远程信息"的选项中选择"FTP"，设置相应的参数，单击【测试】按钮。

➤ 测试成功后，将网页上传至远程服务器。

2.3　设置页面属性

通过修改网页属性可以改变网页的标题、设置网页的背景图片、设置超链接的颜色等。选择菜单栏的"修改"→"页面属性"选项可以对页面属性进行修改。Dreamweaver 中包括 5 种页面属性，分别是外观、链接、标题、标题/编码和跟踪图像。

2.3.1　外观设置

在"页面属性"对话框中，在左侧"分类"列表框中选择"外观"选项，对其进行页面字体、大小、颜色、页边距等设置。如图 2-15 所示。

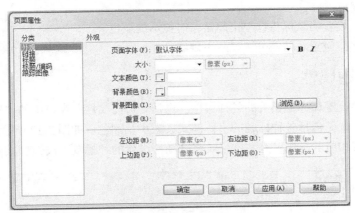

图 2-15　外观属性设置

- 页面字体：左键单击文本框的下拉按钮，可以选择字体样式，并设置其"加粗"和"斜体"。
- 大小：设置文本大小，并可选择数值单位（如像素、点数、英寸等）。
- 文本颜色：设置网页中文字的颜色。
- 背景颜色：设置网页的背景色。
- 背景图像：给网页添加背景图像，在【浏览】按钮下选择背景图像。
- 重复：设置背景图像的显示方式。
- 左、右边距及上、下边距：分别设置网页中的文本与上、下、左、右间的距离。

2.3.2　链接设置

"链接"属性主要设置链接文字的字体样式、大小和颜色等。选择"页面属性"窗口中的"链接"选项，将显示链接属性的设置。如图 2-16 所示。

图 2-16　链接属性设置

- 链接字体：设置页面中链接文本的字体样式。

- 大小：设置超链接文本字体的大小，并选择数值单位。
- 链接颜色：设置网页中超链接的文字颜色。
- 变换图像链接：设置当鼠标指针移动到超链接文字上时，文本变换的颜色。
- 已访问链接：应用于已经访问过的超链接文本颜色。在网页中清除历史记录将变回"链接字体"中设置的颜色。
- 活动链接：设置当鼠标指针单击超链接时显示的颜色。
- 下划线样式：设置超链接是否显示下划线。

2.3.3　标题属性

标题属性主要设置和标题相关的各种属性。选择"页面属性"窗口中的"标题"选项，将可对标题属性进行设置，包括各种标题的字体样式、大小及颜色。如图 2-17 所示。

在网页中设置相应的标题，其文本格式将会随所设置的"标题"属性样式而改变。

图 2-17　标题属性设置

2.3.4　标题/编码属性

"标题/编码"属性可设置网页的标题、文字编码等属性。选择"页面属性"窗口中的"标题/编码"选项，将可对标题/编码属性进行设置。如图 2-18 所示。

图 2-18　标题/编码设置

- 标题：所输入的标题为网页标题，将显示在浏览器的标题栏。
- 文档类型：设置文档版本类型。
- 编码：设置网页中文本的编码样式。

2.3.5　跟踪图像属性

为了方便网页的布局设置，用户可以先将网页布局制作成一个图像，并设置为跟踪图像。它允许用户在网页中将原来的平面设计稿作为辅助背景。这么一来，用户就可以非常方便地定位文字、图像、表格、层等网页元素在该页面中的位置了。

跟踪图像的设置方法是使用各种绘图软件制作出一个的网页排版格式，然后将此图保存为网络图像格式（包括 gif、jpg、jpeg 和 png）。

使用了跟踪图像的网页在用 Dreamweaver 编辑时不会再显示背景图案，但当使用浏览器浏览时正好相反，跟踪图像不见了，而显示背景图像。跟踪图像设置如图 2-19 所示。

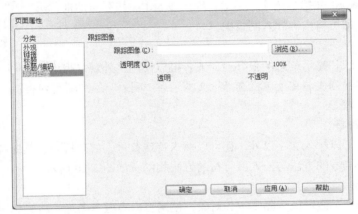

图 2-19　跟踪图像设置

- 跟踪图像：为网页添加跟踪图像，设置跟踪图像的位置。
- 透明度： 拖动滑块，可以调整跟踪图像的透明度，透明度越高，跟踪图像显示得越清楚。

2.4　网页的编辑

创建网页后，可以对网页进行编辑。网页的编辑主要是在网页添加文字、图像和表格等对象。

2.4.1　文本的编辑

文本是网页的最重要的信息载体，是网页最基本的元素之一，用户所获取的信息大部分来源于文本。

1．输入文本

Dreamweaver 中输入文字与 Office 的方法相同，打开文档，将插入点定位于要输入文本的位置，便可从左到右输入文本内容。

在 Dreamweaver 中输入文字要注意输入空格和段落的换行。初始设置中，Dreamweaver 只可输入一个空格，输入多个连续的空格却不能实现。输入多个连续空格的方法如下。

方法一：在菜单栏选择"编辑"→"首选参数"选项，在左边的"分类"选项中选择"常规"，在右边的"编辑选项"中勾选"允许多个连续的空格"，即可输入多个空格。

方法二：将输入法改为全角模式，可输入连续的空格。

方法三：在"文档"工具栏下选择"显示代码视图"按钮，进入代码视图，在需要输入空格的地方输入 即可输入空格。

在 Dreamweaver 中以【Enter】键换行将形成段落，但是需要换行但又不换段落的方法如下。

方法一：组合快捷键【Shift+Enter】，可换行。

方法二：选择"插入"工具栏，单击"常用"选项旁的下拉箭头，选择"文本"，在"字符"下拉列表中选择"换行符"。如图 2-20 所示。

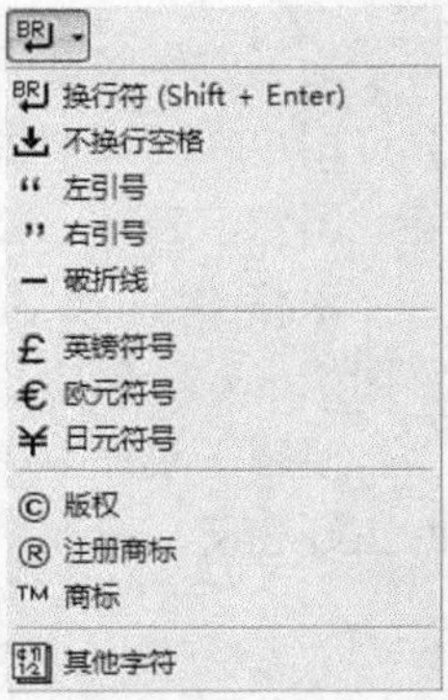

2. 从外部导入文本

Dreamweaver 可以直接导入 Word、Excel 文档。选择菜单栏的"文件"→"导入"→"Word 文档"选项，弹出"导入 Word 文档"对话框，选择要导入的文档，即可将内容导入网页中。

图 2-20　输入换行符

3. 创建列表

列表是用来组织和显示信息的很好的方式，可以使网页外观显得层次分明、结构清晰。列表分为项目列表和编号列表。在菜单栏选择"文本"→"列表"→"项目列表"/"编号列表"选项即可添加相应的列表。

4. 插入特殊符号

在网页中除了可以输入文字以外，还可以插入特殊符号，如破折号、英镑符号、版权和其他符号等。插入特殊符号的方法与插入换行符的方法相同。如图 2-20 所示。

5. 插入水平线

在网页上使用水平线可以分隔文本和对象，使网页内容更有条理。将光标定位在要插入水平线的位置，选择菜单栏的"插入"→"HTML"→"水平线"选项即可。

单击水平线，在"属性"面板中将显示水平线属性，可设置水平线的宽度、高度、对齐等。

6. 插入注释

注释是对 HTML 的描述文本，添加注释有利于对代码的维护和修改。注释只显示在代码视图中，不会显示在浏览器窗口。

在菜单栏选择"插入"→"注释"选项，将弹出"注释"对话框，在其中添加注释内容即可。如图 2-21 所示。

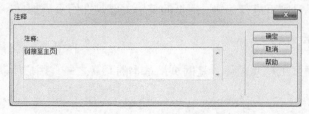

图 2-21　插入注释

7. 插入时间日期

在 Internet 上会看到许多网页的最近更新日期，用来显示页面上一次更新的时间，当网页被重新编辑或自动更新后时间标记会自动改变。

在菜单栏选择"插入"→"日期"选项,弹出"插入日期"对话框,对其进行设置,并勾选"储存时自动更新"选项,将自动更新日期。如图 2-22 所示。

图 2-22 插入日期

2.4.2 格式化文本

设置文本的格式包括设置文本格式和设置段落格式两种。文本格式指文字颜色、字体、字号、风格等。段落指段落的对齐、缩进等。网页中正文的字体不应太大,字体颜色不应太多,设置文本可通过"属性"面板或"标签"检查器进行设置。

1. "属性"面板设置

选择需要格式化的文字,"属性"面板将出现文本属性,包括字体、样式、大小、颜色等。如图 2-23 所示。

图 2-23 文本属性设置

(1)编辑字体

在"字体"文本框右边的下拉列表中可以选择字体,如果字体列表中没有所需的字体,可以选择"编辑字体列表"添加字体。添加字体后再次单击"字体"下拉列表可选择新添加的字体样式。如图 2-24 所示。

图 2-24 编辑字体列表

(2)编辑列表

选择创建好的列表,"属性"面板中的"列表项目"将呈可选状态,单击 列表项目... 按钮,将弹出"列表属性"对话框,如图 2-25 所示。在其中选择列表类型及列表样式等。

2. "标签检查器"面板设置

选择需要设置的文字,选择面板组中的"标签检

图 2-25 列表设置

查器"面板，选择"属性"下的 按钮，将出现相关对象的属性，可对其进行设置。如图 2-26 所示。

图 2-26　标签检查器

2.4.3　图像的应用

使用图像可以增加网页的视觉效果，为网页增添不少色彩，使网页显得更加美观、生动。在 Dreamweaver 中主要用到的图片格式有 gif、jpeg（jpg）、png 几种格式。

1. 插入图像

方法一：将鼠标定位在要插入图像的位置，选择菜单栏的"插入"→"图像"选项，弹出"选择图像源文件"对话框，选择所需要插入的图像，确定即可。

方法二：选择"插入"工具栏中的"常用"选项，选择其中的"图像"下拉列表 · 中的"图像"也可插入图像。

2. 插入图像占位符

网页中的某个位置需要插入图像，但暂时没有合适的图像，可以先将其位置保留用图像占位符来代替，等找到合适的图像后再进行替换。

插入图像占位符的方法是选择"插入"工具栏中的"常用"选项，选择其中的"图像"下拉列表中的"图像占位符"选项，弹出"图像占位符"对话框，如图 2-27 所示。在该对话框中进行相应设置，单击【确定】按钮后，即可插入图像占位符。

图 2-27　图像占位符

3. 插入鼠标经过图像

鼠标经过图像是指在浏览器中查看网页时，当鼠标指针指向图像时图像将发生变化。鼠标经过图像由两幅图像组成，初始图像和替换图像。通常情况下，两幅图像大小相等。若不相同，Dreamweaver 会自动调整替换图像的大小，使其与第一幅图匹配。

将鼠标定位在需要插入鼠标经过图像的位置，选择"插入"工具栏中的"常用"选项，选择其中的"图像"下拉列表中的"鼠标经过图像"选项，弹出"插入鼠标经过图像"对话框，进行相关参数设置。如图 2-28 所示。

图 2-28　鼠标经过图像

在"原始图像"文档框中选择初始图像所在位置，在"鼠标经过图像"文档框中选择鼠标滑过图像时所变换的图像的位置。勾选"预载鼠标经过图像"选框，单击【确定】按钮后，即可在浏览器中查看效果。

4. 插入导航条

导航条是多个鼠标经过图像的组合，一个网页中只可有一个导航条。将鼠标定位在需要插入导航条的位置，选择"插入"工具栏中的"常用"选项，选择　"图像"下拉列表中的"导航条"选项，弹出"插入导航条"对话框，进行相关参数设置。如图 2-29 所示。

图 2-29　插入导航条

状态图像即页面中显示的原始图像。鼠标经过图像即浏览页面时，当鼠标指针指向图像时变换的图像，如果有多个鼠标经过图像，单击其上的【添加】按钮 ⊞ 即可再添加一个鼠标经过图像。

2.4.4　编辑图像

Dreamweaver 中提供了一些编辑图像的简单工具，可实现图像的裁剪、锐化以及调节亮度和对比度等。

1. 设置图像属性

选择要设置的图像，这时在"属性"面板中可以看到图像的相关属性。在其中可设置图像的宽度、高度、对齐方式、边距和边框颜色等。

2. 裁剪图像

裁剪图像是指删除图像中选定区域以外的多余部分，选择需要裁剪的图像，在"属性"面板中单击【裁剪】按钮 ⊠ ，弹出对话框，如图 2-30 所示。

单击【确定】按钮后，在图像上出现控制柄，拖动鼠标调整控制点到合适的大小后按【Enter】键可完成对图像的裁剪。

图 2-30　提示对话框

3. 调整图像的亮度和对比度

在网页中，图像过暗或过亮时可通过调整图像的亮度来改变其明暗程度，对比度可调整图像的高亮显示、阴影和中间色调。

在"属性"面板中单击【亮度和对比度】按钮 ◑ ，弹出"亮度/对比度"对话框，设置亮度、对比度的参数即可。

4．锐化图像

锐化可增加图像边缘的对比度，从而增加图像的锐度。在"属性"面板中单击【锐化】按钮设置锐化的参数。

5．重新取样

在初始状态下【重新取样】按钮　　呈灰色，为不可用状态。当改变图像的大小时，【重新取样】按钮将呈可选状态。重新取样图像后，会在图像中添加或删除像素。

在"属性"面板中单击【重新取样】按钮，对图像重新取样。

2.4.5　插入多媒体

为了使网页内容丰富、生动有趣，可以在网页中插入视频、动画和音乐，制作出独特的网页效果。

1．插入 Flash 动画

Flash 是美国的 Macromedia 公司于 1999 年 6 月推出的优秀网页动画设计软件。Flash 动画的格式为 SWF 格式，在网页中插入 Flash 可使网页更加丰富。添加 Flash 动画的步骤如下。

➢ 将鼠标定位在需要插入 Flash 动画的位置，在"插入"工具栏中的"常用"选项里，选择其中的"媒体"下拉列表　　中的"Flash"选项。

➢ 在弹出的"选择文件"对话框，选择 Flash 文件所在的位置，如图 2-31 所示，单击【确定】按钮，弹出"对象标签辅助功能属性"对话框，如图 2-32 所示，单击【确定】按钮。

图 2-31　选择 Flash 文件

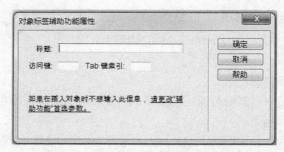

图 2-32　"对象标签辅助功能属性"对话框

➢ 插入 Flash 动画后,可通过"属性"面板对其进行修改。

2. 插入 Flash 按钮

在插入 Flash 按钮和 Flash 文本时应注意,Flash 按钮所保存的路径中不可出现中文字符,否则插入时将出错。插入 Flash 按钮的步骤如下。

➢ 在"插入"工具栏中的"常用"选项中,选择"媒体"下拉列表  中的"Flash 按钮"选项。

➢ 在弹出的"插入 Flash 按钮"对话框中设置相应的参数,如图 2-33 所示。

图 2-33 插入 Flash 按钮

- 范例:选择的 Flash 按钮的预览。
- 样式:选择 Flash 按钮的样式。
- 按钮文本:在其中输入按钮上所显示的文字。
- 字体和大小:设置按钮文本的字体样式和大小。
- 链接:在"浏览"中选择点击按钮后所跳转的网页位置
- 目标:设置链接的打开方式。
- 背景色:设置按钮的背景颜色。
- 另存为:Flash 按钮所保存的位置及名称。

➢ 设置好参数以后,单击【确定】按钮,弹出"Flash 辅助功能属性"对话框,单击【确定】按钮,即可创建一个 Flash 按钮。

3. 插入 Flash 文本

与 Flash 按钮方式相同,在"媒体"下拉列表中选择"Flash 文本",弹出"插入 Flash 文本"对话框,如图 2-34 所示。

- 字体、大小:Flash 文本的字体样式及字体大小。
- 颜色:在浏览器中浏览网页时文本初始状态下的颜色。

图 2-34 插入 Flash 文本

- 转滚颜色：在浏览器中浏览网页时，当鼠标指针指向 Flash 文本时所显示的颜色。
- 文本：输入 Flash 文本的内容。
- 链接、目标、背景色及另存为的设置与 Flash 按钮相同。

4. 插入 Flash Video

Flash Video 是随着 Flash MX 的推出发展而来的视频格式。由于它形成的文件极小、加载速度极快，使得网络观看视频文件成为可能，它的出现有效地解决了视频文件导入 Flash 后，使导出的 SWF 文件体积庞大，不能在网络上很好地使用等缺点。

在 Dreamweaver 中有两种视频类型，一种是累进式下载视频，另一种是流视频。累进式下载视频将 Flash 视频（FLV）文件下载到站点访问者的硬盘上，然后播放。但是，与传统的"下载并播放"视频传送方法不同，累进式下载允许在下载完成之前就开始播放视频文件。

流视频将 Flash 视频内容进行流处理，并在一段可确保流畅播放的很短缓冲时间后在网页上播放。若要在 Web 页面中启用流视频，必须具有对 Macromedia Flash Communication Server 的访问权限，这是唯一可对 Flash 视频内容进行流处理的服务器。

一般选择累进式视频，插入累进式视频的方法是在"媒体"下拉列表中选择"Flash Video"选项，弹出"插入 Flash 视频"对话框，在"视频类型"下拉列表中选择"累进式下载视频"，如图 2-35 所示。设置完参数后，单击【确定】按钮，即可添加 Flash 视频。

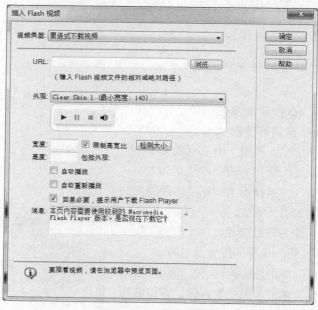

图 2-35　累进式下载视频

- URL：输入 Flash 视频文件所在的位置。
- 外观：选择视频的外观样式。
- 宽度、高度：以像素为单位设置视频的宽度和高度。
- 限制高宽比：保持视频组件的高宽度比例不变，默认情况下选择此项。
- 自动播放：在浏览器中浏览时自动播放视频。
- 自动重新播放：播放结束后自动重新开始。

5.　插入背景音乐

背景音乐可以使网页生动不少，在 Dreamweaver 中常用的音频文件的格式有.mp3、.wav、.midi 等。插入背景音乐的步骤如下。

➤ 在"插入"工具栏的"常用"选项中选择"媒体"下拉列表中的"插件"选项。弹出"选择文件"对话框。

➤ 选择音频文件所在的位置，单击【确定】按钮即可插入一个音频插件。

➤ 选择此插件，在"标签检查器"面板中设置其属性为背景音乐，将"autostart"设置为"True"，"hidden"设置为"True"，"loop"设置为"True"。如图 2-36 所示。

➤ 按【F12】键在浏览器中浏览即可播放音乐。

浏览器必须装有音乐插件才可播放音乐，在 Dreamweaver 中插入的多媒体对象、鼠标经过图像、导航条等在打开浏览器时都会在其上方显示"通知"栏，右键单击此"通知"栏选择"允许阻止的内容"选项方可浏览。

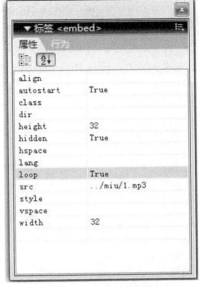

图 2-36　背景音乐设置

2.5　超链接的应用

在网页中创建超链接可以方便用户在页面之间的跳转，超链接是网站中不可缺少的元素之一，本节介绍超链接的应用。

2.5.1　超链接的介绍

1.　超链接的概述

超链接是从一个网页的源端点指向另一个目的端点的链接，这个目的端点可以是网页、网页中的位置、图片、电子邮件地址等。

根据目标端点的对象类型，可以把超链接分为外部链接、内部链接、E-mail 链接和局部链接。外部链接的目标端点是本站点以外的站点或文档，利用外部链接可以跳转到其他网站；内部链接的目标端点是本站点中的文档；E-mail 链接的目标端点是电子邮件程序；局部链接是指跳转到相同网页中的指定位置。

2.　超链接的路径

在网页中建立超链接时，地址分为绝路路径和相对路径。

（1）绝对路径

绝对路径就是主页上的文件或目录在硬盘上真正的路径，是从盘符开始的路径。绝对路径的特点是路径同链接的源端点无关。

我们平时使用计算机调用文件时，必须知道文件的位置，而表示文件位置的方式就是路径。例如，只要看到这个路径："E:\wangzhan\content\index.html"我们就知道"index.html"文件是在 E 盘的"wangzhan"文件夹中的"content"文件夹中。类似于这样完整的描述文件位置的路径就是绝对路径。

（2）相对路径

相对路径就是指由这个文件所在的路径引起的跟其他文件（或文件夹）的路径关系。

例如，需要从图 2-37 中创建超链接，超链接从 E:\wangzhan\content\index.html 到 E:\wangzhan\content\document\document.html，只需写 document.html 与 index.html 的相对位置即 \document\document.html 即可，但若要从 E:\wangzhan\content\index.html 链接到 E:\wangzhang\pic\pic.html 则需要写../pic/pic.html，因为只需从\index.html 返回到上级目录后 content 与 pic 在共一目录 E:\wangzhan 再写目录跳转的路径即可。../表示向上一级。

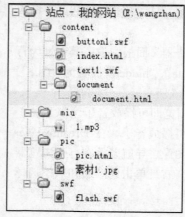

图 2-37　站点图

2.5.2　创建超链接

1. 创建文本超链接

网页上绝大多数超链接是文本超链接，创建后的文本超链接将会显示下划线，当鼠标指针移向超链接时将变成手形。创建文本超链接的方法如下。

方法一：通过超链接对话框创建。

选择要添加超链接的文本，在"插入"工具栏中的"常用"选项中单击【超链接】按钮，打开"超级链接"对话框，如图 2-38 所示。

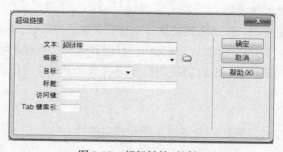

图 2-38　超级链接对话框

- 文本：超链接的文本内容。
- 链接：通过后方的文件夹浏览需要跳转的目标端点文件。
- 目标：链接打开的方式。
- 标题：在浏览器中浏览时，当鼠标指针指向链接时鼠标上显示的文本。

方法二：通过链接文本框创建。

选择需添加超链接的文本，在"属性"面板中的"链接"后的文本框中输入目录文件的相对路径或绝对路径。也可通过单击文本框后的【浏览文件】按钮选择目标文件。

方法三：通过快捷键。

选择需要添加链接的文本内容，单击鼠标右键，在弹出的菜单中选择"创建链接"命令，在弹出的对话框中进行设置即可。

方法四：通过指向文件按钮。

打开文件面板，选择要链接的文本内容，拖动"属性"面板上的"指向文件"按钮 ，指向目标文件，如图 2-39 所示。

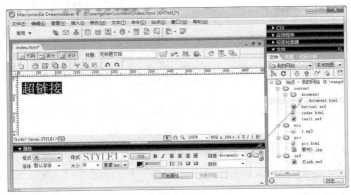

图 2-39　指向文件按钮

2．创建图像及图像热点超链接

创建图像链接的方法与创建文本超链接的方法相同，图像还可以创建图像热点链接。热点是图像上具有超链接功能的封闭区域，一幅图片可以包含若干个热点。在 Dreamweaver 中创建图像热点有矩形热点工具、椭圆形热点工具、多边形热点工具。

创建图像热点链接的步骤如下。

➢ 选定图像，在"属性"面板中单击一种图像热点工具（如矩形热点工具），然后在图像上选定一个热点区域。

➢ 选中此热点区域，在"属性"面板的"链接"文本框中选择目标文件。

➢ 保存网页，按【F12】键浏览即可。

3．创建 E-mail 超链接

电子邮件链接是一种特殊的超链接，浏览网页时单击该链接将启动本地计算机中安装的电子邮件程序（如 outlook express）。在网页中加入 E-mail 超链接，可以方便浏览者与网站管理者之间的联系。创建电子邮件链接的步骤如下。

➢ 选中要创建 E-mail 超链接的对象，在"插入"工具栏中的"常用"选项中单击【电子邮件链接】按钮 ，弹出"电子邮件链接"对话框。如图 2-40 所示。

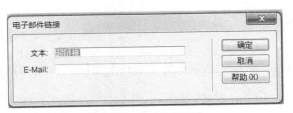

图 2-40　电子邮件链接

➤ 在其中输入 E-mail 地址，单击【确定】按钮。

4. 创建锚链接

当网页文件很长时，超出显示屏幕时，可以创建锚链接。创建锚链接的步骤如下。

➤ 在编辑的网页中选择需要插入锚记的位置，选择"插入"工具栏 "常用"选项中的【命名锚记】按钮，弹出"命名锚记"对话框，如图 2-41 所示。

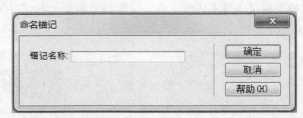

图 2-41 命名锚记

➤ 在"锚记名称"文本框中输入锚记的名字（如 1，锚记名字区分大小写，且不能含有空格），单击【确定】按钮。

➤ 选择要添加超链接的文本（如页面底端的"返回顶部"），在"属性"面板的"链接"文本框中输入要链接的锚记的名称，如上面的"锚记名称"1，应输入#1，锚记链接以#开始。

2.5.3 管理超链接

创建好超链接以后，可以对超链接进行更改，如删除设置属性等。

1. 设置超链接的属性

链接属性在 2.3.2 中已提过，选择菜单栏的"修改"→"页面属性"选项，在弹出的对话框中的"分类"选项栏中选择"链接"，可以设置超链接的相关属性。

2. 更改超链接

如果页面中的超链接需要修改，可以直接在"属性"面板的"链接"文本框中直接修改。

3. 删除超链接

若要彻底删除超链接，包括超链接文本，可以选择文本按【Delete】键。

若要保留超链接文本，但要删除相应的超链接，可以选择文本，然后删除"属性"面板的"链接"文本框中内容即可。

2.6 表格的应用

表格是网页排版设计常用的工具，表格可以使网页内容整齐统一、直观明确。

2.6.1 创建表格

1. 插入表格

单击"插入"工具栏"常用"选项中的【表格】按钮，弹出"表格"对话框，如图 2-42 所示。

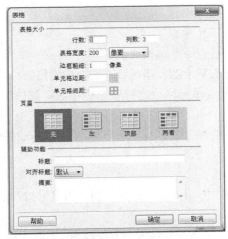

图 2-42　插入表格

在其中可设置表格的行数、列数、边框粗细及单元格间距等。

2. 表格属性设置

选择插入的表格，在"属性"面板里可以设置表格属性，如图 2-43 所示。

图 2-43　表格属性

- 表格 Id: 表格的名称。
- 行、列: 设置表格中的行数和列数。
- 宽、高: 设置表格宽度值及高度值，以像素和百分比为单位。
- 填充: 设置单元格中的内容和单元格边框之间的像素数。
- 间距: 设置单元格与单元格之间的像素数。
- 对齐: 设置表格的对齐方式，包括默认、左对齐、右对齐、居中对齐。
- 边框: 设置表格边框的宽度，为 0 时不显示边框。
- 类: 设置表格 CSS 类。
- 清除列宽 和行高 按钮: 清除表格的宽度和高度。
- 将表格宽度转换为像素按钮 : 用于表格宽度由百分比转换为像素。
- 将表格宽度转换为百分比按钮 : 用于将表格宽度由像素改为百分比。
- 背景颜色: 表格里的背景颜色。
- 边框颜色: 设置表格边框的颜色，边框粗细为 0 时不显示。
- 背景图像: 设置表格中的背景图像。

2.6.2　表格基本操作

插入表格后，可以对表格进行选取、插入及删除等操作。

1. **选取表格**

选取整个表格的方法有以下几种。

方法一：单击表格四周的任意一条边框线。

方法二：将鼠标指针移至表格上面，当指针下方变成网格图标时，单击鼠标左键。

方法三：单击表格中的任一单元格，选择菜单栏中的"修改"→"表格"→"选择表格"选项。

方法四：选择任一单元格，在文档中的"标签选择器"中，选择<table>标签 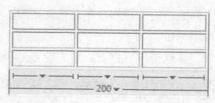。

2. **选取表格的列或行**

选取列的方法如下。

方法一：将鼠标移至表格上方指向表格中的一列，当鼠标指针变成向下黑心箭头时，单击鼠标左键。

方法二：选取任一单元格，表格下方将出现下拉列表，如图 2-44 所示。选择一列的下拉列表，选择其中的"选择列"选项。

图 2-44　选择列

选取行的方法如下。

方法一：与选取列的方法一相同。

方法二：选取任一单元格，在文档中的"标签选择器"中，选择<tr>标签。

选取多行或多列可以通过【Ctrl】键。

3. **插入行或列**

选取任一单元格，在菜单栏选择"修改"→"表格"中的"插入行"、"插入列"或"插入行或列"选项，可以插入行或插入列。

也可选取任一单元格，单击鼠标右键，选择"表格"中的"插入行"或"插入列"或"插入行或列"命令。

4. **删除行或列**

方法一：选择要删除的行或列，按【Delete】键删除。

方法二：选择要删除的行或列，单击鼠标右键，选择"表格"中的"删除行"或"删除列"命令。

5. **调整表格大小**

选择表格后，将出现三个控制手柄，沿相应的方向调整表格大小即可。

6. **嵌套表格**

选择要嵌套表格的单元格，选择菜单栏中的"插入"→"表格"选项。

2.6.3　单元格的基本操作

根据网页的内容，有时需要对单元格进行相应的调整。包括拆分及合并单元格，设置单元格属性等。

1. 选取单元格

- 选取一个单元格：按住【Ctrl】键并单击该单元格，即选择该单元格。
- 选取多个连续的单元格：先选择第一个单元格，再按住【Shift】键选取最后一个单元格；也可通过鼠标拖拉的方式选取。
- 选取多个不连续的单元格：按住【Ctrl】键，依次单击需要选择的单元格即可。

2. 拆分单元格

选择需要拆分的单元格，单击鼠标右键选择"表格"→"拆分单元格"命令，弹出"拆分单元格"对话框，进行相关的设置即可。

3. 合并单元格

将两个或多个连续的单元格合并成为一个单元格，称为合并单元格。合并单元格的步骤是，选取多个连续的单元格，单击鼠标右键选择"表格"→"合并单元格"命令即可。

2.7　网页的布局

Dreamweaver 版面布局样式有 3 种：层布局、表格布局和框架布局。表格布局是以前常用的一种网页排版布局方法，但其代码量较大，浏览器负担大；框架布局是后台控制最常用的布局，邮箱系统也常用这种布局方式，比较简单；层布局可以随便调整对象在网页中的位置。

2.7.1　表格布局

表格是用于在 HTML 页面上显示表格式数据以及对文本和图形的布局。Dreamweaver 中可以使用表格快速轻松地创建布局。

1. 表格布局的模式

Dreamweaver 中提供了 3 种布局模式：标准、布局和扩展。

- 标准模式：最常用的一种模式，此模式下显示的表格内容最接近浏览器的实际状态。
- 布局模式：可以绘制布局表格和布局单元格，通过绘制的方式更快地创建布局表格。
- 扩展模式：加粗表格边框，便于表格的选择、移动等操作，但与浏览器显示的效果不一致。

2. 创建布局表格

Dreamweaver 中可以通过表格布局网页，步骤如下。

➤ 将光标定位在要插入表格的位置，选择"插入"工具栏的"布局"选项卡，再单击其中的【布局】按钮 🔲 。进行布局模式。

➤ 单击【布局表格】按钮 🔲 ，可以在网页中绘制只有一个单元格的表格。

➤ 在"布局表格"里可以绘制嵌套的布局表格。

➤ 在"布局表格"中单击【绘制布局单元格】按钮 🔲 ，可绘制单元格（单元格中不可绘制嵌套单元格）。绘制的表格如图 2-45 所示。

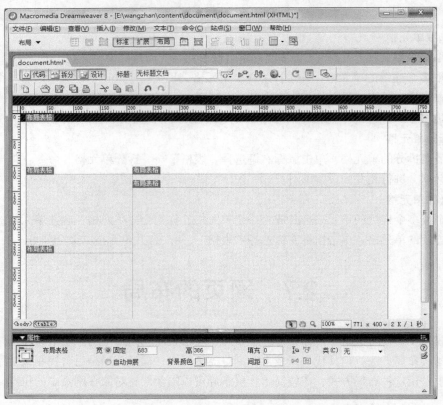

图 2-45　绘制布局表格

绘制的布局表格可通过双击"布局表格"手柄选择布局表格，按【Delete】键可删除绘制的布局表格，在删除时应先删除嵌套的布局表格。

2.7.2　框架布局

框架主要用于一个浏览器窗口中显示多个 HTML 文档，通过构建这些文档之间的相互关系，实现文档导航、浏览以及操作等目的。

框架技术由框架和框架集两部分组成。所谓框架集就是框架的集合，它定义一组框架的布局和属性，包括框架的数目、大小和位置等。

1.　创建框架

➢ 在"插入"工具栏"布局"选项卡中，选择"框架"旁的下拉列表，如图 2-46 所示。

➢ 选择一种框架结构，弹出"框架标签辅助功能属性"对话框，单击【确定】按钮即可。

2.　保存框架和框架集

在预览框架文件时，需对文件进行保存，保存框架时应先保存框架文件，再保存框架集。

（1）保存所有框架文件

选择菜单栏中的"文件"→"保存全部"选项，弹出"另存为"

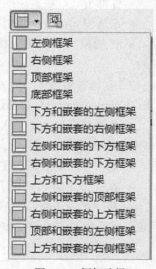

图 2-46　框架选择

对话框，设置路径与文件名，即可保存所有文件。

（2）保存框架

选择菜单栏中的"文件"→"保存框架页"选项，弹出"另存为"对话框，设置路径与文件名，即可保存框架文件。保存完后可按【F12】键预览。

3. 删除框架

用鼠标拖动该框架的边框，将其拖至其父框架边框外时松开即可删除框架。

4. 设置框架属性

选择菜单栏中的"窗口"→"框架"选项，在"文件"面板下方将会显示"框架"面板。在"框架"面板选择一个框架，即可在"属性"面板中设置该框架的属性。如图 2-47 所示。

图 2-47　框架属性

● 框架名称：设置链接的目标属性或脚本在引用该框架时所用的名称。

● 源文件：在框架中显示的源文档位置。

● 边框：设置浏览器中查看文档时框架的边框是否显示。

● 滚动：设置框架是否显示滚动条。

● 不能调整大小：让浏览者无法通过拖动框架边框在浏览器中调整框架大小。

● 边框颜色：设置边框显示的颜色。

● 边界宽度：以像素为单位，设置框架边框和内容之间的左、右边距。

● 边界高度：以像素为单位，设置框架边框和内容之间的上、下边距。

5. 在框架中使用链接

选择要创建超链接的对象，在"属性"面板的"链接"文本框中选择要链接的目标文件，并在"目标"下拉列表中选择链接打开的方式。

　● _blank：在新的浏览器窗口中打开链接的文档，同时保持当前窗口不变。

　● _parent：在显示链接的框架的父框架集中打开链接的文档，同时替换整个框架集。

　● _self：在当前框架中打开链接，同时替换该框架中的内容。

　● 框架名称也出现在该菜单中。选择一个命名框架以打开该框架中链接的文档（如 mainFrame）。

2.7.3　层布局

一个网页中可以有多个层存在，而在层之间可以重叠，也可以定义各层之间的关系，并且可以随意更改对象在网页中的位置。

1. 创建层

在"插入"工具栏的"布局"选项卡下单击【绘制层】按钮　，拖动鼠标可绘制一个层。若需要绘制多个层，可通过【Ctrl】键。

2. 创建嵌套层

层可以像表格一样进行嵌套，通常将位于层内部的层称为嵌套层，而将嵌套层外的层称为父层。可以根据需要嵌套多个层。

创建嵌套层的方法是，单击【绘制层】按钮，按住【Alt】键，在父层里绘制一个层，即可嵌套。

3. 层面板的设置

"层"面板用于对层进行管理，选择菜单栏中的"窗口"→"层"选项调出层面板。在"层"面板中，文档中的层都会显示在层列表中，如果存在嵌套层，将以树状结构显示。如图2-48所示。

单击图2-48所示的 列可显示或隐藏该层。如果该列显示 ，表示显示该层；如果该列显示 ，表示隐藏该层；如果没有显示任何图标，表示该层的可见性继承父层的可见性。

在层名称处双击可以修改层的名称。在Z列可修改层的层次属性值，数值大的将位于上层。

如果勾选"防止重叠"，可以防止层重叠，如果要创建嵌套层必须取消对该复选框的选择。

图2-48 层面板

4. 选择层

选择单个层可以直接单击需要选择的层，选中的层四周将出现控制手柄和移动手柄。选择多个层，可以通过【Shift】键。

5. 移动层

选取需要移动的一个或多个层，将鼠标指针移到层边框上，当鼠标变为 时，即可移动层的位置。

6. 删除层

选择要删除的层，按【Delete】键即可删除该层。

2.8 行为与时间轴

行为即JavaScript元素，常被用在Web页面的交互中。行为是由事件和事件所触发的动作组成的。时间轴可以在网页上添加动画。

2.8.1 行为的概述

1. 行为

行为是指某个事件发生时浏览器执行的动作，它由对象、事件和动作构成。对象是产生行为的主体，大部分网页元素都可以称为对象，如图片、多媒体等。事件可以是鼠标单击、鼠标双击、鼠标移动等，动作可以是打开窗口、弹出菜单、交换图像等。

2. 动作

动作是预先写好的可执行指定任务的JavaScript代码，如交换图像、弹出信息、打开浏览器窗口等。

3. 事件

事件是触发动作的原因，它可以被附加在各种页面元素上。网页事件被分为不同种类，有的事件与鼠标有关，有的事件与键盘有关。常见的事件如下。

（1）窗口事件

- onLoad：页面打开时发生的事件。
- onUnload：页面退出时发生的事件。
- onMove：移动窗口时发生的事件。
- onResize：改变窗口或框架窗口大小时发生的事件。
- onAbort：页面内容没有完全下载，用户单击浏览器的"停止"按钮时发生的事件。

（2）鼠标和键盘事件

- onMouseDown：按下鼠标时发生的事件。
- onMouseMove：鼠标移动时发生的事件。
- onMouseOver：鼠标指针位于选定元素上方时发生的事件。
- onMouseOut：鼠标指针移开选定元素时发生的事件。
- onMouseUp：释放鼠标键时发生的事件。
- onClick：鼠标单击选定元素时产生的事件。
- onFocus：页面元素取得焦点的事件。
- onBlur：页面元素失去焦点的事件。
- onDragDrop：拖动并放置选定元素时发生的事件。
- onDragStart：拖动选定元素时发生的事件。
- onScroll：拖动滚动条时发生的事件。
- onKeyDown：按下键盘上的任意键时发生的事件。
- onKeyPress：按下并放开键盘上的任意键时发生的事件。
- onKeyUp：松开键盘上的按键时发生的事件。

（3）表单事件

- onAfterUpdate：更新表单文档内容时发生的事件。
- onBeforeUpdate：改变表单文档内容时发生的事件。
- onChange：修改表单文档的初始值时发生的事件。
- onSubmit：传送表单文档时发生的事件。
- onSelect：选定文本字段中的内容时发生的事件。

（4）其他事件

- onError：在加载文档中，发生错误时发生的事件。
- onFilterChange：选定元素的字段发生变化时发生的事件。
- onFinishMarquee：用功能来显示的内容结束时发生的事件。
- onStartMarquee：开始应用功能时发生的事件。

2.8.2　行为的应用

在 Dreamweaver 中，可以在任何对象中添加行为，例如图像、Flash 动画、链接等。

1. 添加交换图像行为

交换图像可实现一张图像和另一张图像的交换，用户在浏览时，当鼠标指针经过图像时，该图像会变成另一张图像；当鼠标指针离开后，图像又变成原来的图像。添加交换图像行为的步骤如下。

➤ 在网页中选择一幅图像，选择菜单栏中的"窗口"→"行为"选项，打开"行为"面板。如图 2-49 所示。

➤ 在该面板中单击【添加行为】按钮 ➕，在弹出的下拉列表中选择"交换图像"命令。

➤ 在弹出的"交换图像"对话框中，单击"设定原始档为"后的【浏览】按钮，选择另一幅图像。单击【确定】按钮。

➤ 按【F12】键预览即可。

图 2-49　行为面板

2. 添加弹出信息行为

弹出信息指在某种事件发生时弹出对话框，给用户提示，添加弹出信息行为的步骤如下。

➤ 单击"行为"面板的【添加行为】按钮，在弹出的下拉列表中选择"弹出信息"命令。

➤ 在弹出的对话框中的"消息"文本框中输入要显示的内容，单击【确定】按钮，如图 2-50 所示。

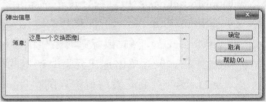

图 2-50　弹出信息对话框

➤ 在"行为"面板可以看到添加的事件。在事件的下拉列表中可以选择事件，如图 2-51 所示。

➤ 在浏览器中浏览即可。

3. 添加打开浏览器窗口行为

打开浏览器窗口可以使用户在触发该行为时打开一个新的浏览器窗口，其操作步骤如下。

➤ 单击"行为"面板的【添加行为】按钮，在弹出的下拉列表中选择"打开浏览器窗口"命令。

➤ 弹出"打开浏览器窗口"对话框，如图 2-52 所示。

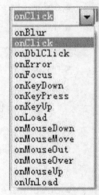

图 2-51　事件列表

图 2-52　打开浏览器窗口

- 显示的 URL：选择新的浏览器窗口中要打开的网页。
- 窗口宽度、高度：设置浏览器窗口的高度和宽度。
- 属性：在其中选择浏览器窗品的属性。

● 窗口名称：新的浏览器窗口的名称。

➢ 单击【确定】按钮，浏览即可。

4．添加播放声音行为

触发该行为时可以在浏览器中播放声音，步骤如下。

➢ 单击"行为"面板的【添加行为】按钮，在弹出的下拉列表中选择"播放声音"命令。

➢ 弹出"播放声音"对话框，在其中选择需要播放的声音文件，单击【确定】按钮即可。

5．添加设置状态栏文本行为

设置状态栏文本行为可在浏览器窗口左下角的状态栏中显示。添加设置状态栏文本行为的步骤如下。

➢ 单击"行为"面板的【添加行为】按钮，在弹出的下拉列表中选择"设置文本"→"设置状态栏文本"命令。

➢ 弹出"设置状态栏文本"对话框，在"消息"文本框中输入在状态栏中显示的内容，单击【确定】按钮即可。

➢ 在事件列表中选择触发该行为的事件。

6．删除行为

单击"行为"面板的【删除事件】按钮 － 即可删除行为。

2.8.3　时间轴

时间轴是可根据时间的流逝移动层位置的方式显示动画效果的一种编辑界面，在时间轴中包含了制作动画时所必需的各种功能。

1．打开时间轴面板

选择菜单栏中的"窗口"→"时间轴"选项即可在下方打开"时间"轴面板，如图 2-53 所示。

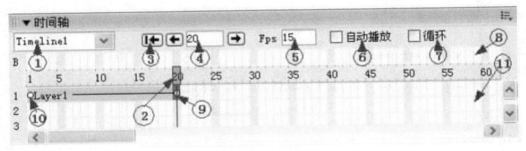

图 2-53　时间轴

① 时间轴弹出菜单：表示当前的时间轴名称。

② 时间轴指针：在界面上显示当前位置的帧。

③ 按钮 ◄｜ ：不管时间轴在哪个位置，一直移动到第一帧。

④ 表示时间指针的当前位置。

⑤ Fps：表示每秒显示的帧数。默认值时 15 帧。增加帧数值，则动画播放的速度将加快。

⑥ 自动播放：选中该项，则网页文档中应用动画后自动运行。

⑦ 循环：选中该项，则继续反复时间轴上的动画。

⑧ 行为通道：在指定帧中选择要运行的行为。

⑨ 关键帧：可以变化的帧。

⑩ 图层条：意味着插入了"层"等对象。

⑪ 图层通道：它是用于编辑图层的空间。

2．创建层动画

时间线只能移动层对象，如果想移动文本或图像之类的对象，可以将其放在层中。创建层动画的步骤如下。

➢ 创建一个层 Layer1，在层中添加对象（图像、Flash 动画、插件等）。

➢ 选择创建的层，在图层通道中单击鼠标右键，在弹出的列表中选择"添加对象"命令，弹出"Dreamweaver 8"对话框，单击【确定】按钮即可在图层通道中添加层 Layer1。

➢ 拖动 Layer1 关键帧的最后一帧至 30 帧的位置，选择层并移动其至适合的位置。

➢ 勾选"自动播放"和"循环"，在网页中浏览即可。

3．增加关键帧

在图层通道的 Layer1 上单击鼠标右键，选择"增加关键帧"命令，即可增加关键帧。在文档窗口中，拖动 Layer1 的位置，即可改变动画的运动路径。如图 2-54 所示。

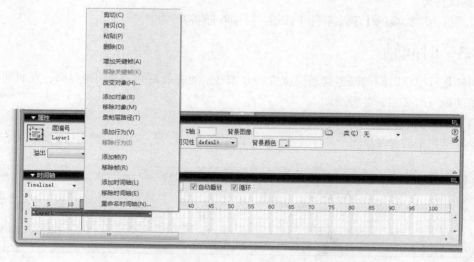

图 2-54　增加关键帧

4．删除对象

在图层通道选择图层，单击鼠标右键选择"删除"命令即可删除创建的图层动画。

习　题

一、选择题

1．构成网站的基本要素是（　　）。

    A．网页　　　　　　B．文本　　　　　　C．图像　　　　　　D．表格

2．Dreamweaver 是一款用于（　　）的软件。

    A．网页制作　　　　B．动画制作　　　　C．图像编辑　　　　D．文本编辑

3. 项目列表作用的对象是（　　）。

　　A. 符号　　　　　　B. 字符　　　　　　　C. 段落　　　　　　　　D. 图片

4. 为了标识一个 HTML 文件，应该使用的 HTML 标记是（　　）。

　　A. <p></p>　　　B. <html></html>　　C. <table></table>　　D. <pre></pre>

5. 在 HTML 中标识头部文件的标记是（　　）。

　　A. <head></head>　　B. <body></body>　　C. <center></center>　　D. <p></p>

6. 网页中除了可以插入文本以外，还可以插入（　　）。

　　A. 图像　　　　　　B. 音频　　　　　　　C. 动画　　　　　　　　D. 以上都是

7. 网页中常用的图像格式不包括（　　）。

　　A. jpeg　　　　　　B. gif　　　　　　　　C. bmp　　　　　　　　D. png

8. 编辑图像不包括（　　）。

　　A. 裁剪　　　　　　B. 重新取样　　　　　C. 替换　　　　　　　　D. 锐化

9. 下列不属于创建超链接的方法是（　　）。

　　A. 链接文本框　　　B. 浏览文件按钮　　　C. 指向文件按钮　　　D. 更新链接

10. 若要选择不连续的表格可以用（　　）。

　　A. Shift　　　　　　B. Ctrl　　　　　　　C. Alt　　　　　　　　D. Ctrl+Shift

11. 若要绘制嵌套层可用（　　）。

　　A. Shift　　　　　　B. Ctrl　　　　　　　C. Alt　　　　　　　　D. Ctrl+Shift

12. 若要连续绘制多个层可用（　　）。

　　A. Shift　　　　　　B. Ctrl　　　　　　　C. Alt　　　　　　　　D. Ctrl+Shift

13. 下列不属于拆分单元格的方法是（　　）。

　　A. 在属性面板中拆分单元格　　　　　　B. 修改→表格→拆分单元格

　　C. 单击鼠标右键拆分单元格　　　　　　D. 插入面板→布局→表格

14. 框架技术由（　　）组成。

　　A. 框架和框架集　　　　　　　　　　　B. 框架和框架面板

　　C. 框架集和框架面板　　　　　　　　　D. 框架和无框架

15. 打开行为面板的快捷键是（　　）。

　　A. Shift+F1　　　　B. Shift+F9　　　　　C. Shift+F5　　　　　D. Shift+F4

16. 当鼠标从特定元素上经过时发生（　　）事件。

　　A. onClick　　　　　B. onMouseOver　　　C. onMouseOut　　　D. onBlur

17. 为了显示提示信息，应添加（　　）行为。

　　A. 插入声音　　　　B. 交换图像　　　　　C. 弹出信息　　　　　D. 转到 URL

18. 网页的扩展名是（　　）。

　　A. txt　　　　　　　B. swf　　　　　　　C. html　　　　　　　D. psd

19. 图像热点链接工具不包括（　　）。

　　A. 矩形热点　　　　B. 椭圆形热点　　　　C. 多边形热点　　　D. 指针热点

20. 网页中能起到动态效果的图片格式是（　　）。

　　A. jpeg　　　　　　B. gif　　　　　　　　C. png　　　　　　　　D. bmp

二、填空题

1. Dreamweaver 有两种布局模式，分别是_____和_____。

2. 网页的页面属性设置包括外观、_____、_____、_____和跟踪图像。

3. 网页分为静态网页和_____。

4. 完成站点创建后，在_____会显示创建的站点。

5. 在文档工具栏中单击拆分按钮可以在文档窗口中同时显示_____和_____。

6. HTML 代码分为_____和_____两部分。

7. 列表是指具有相同属性元素的集合，分为_____和_____两种。

8. 网页在浏览时不显示表格，应设置表格粗细_____。

9. 超链接的路径分为_____和_____两种。

10. 行为的两个基本元素包括_____和_____。

三、简答题

1. 什么是网站？什么是主页？

2. 试详述网站设计的基本步骤。

3. 试描述网页中插入鼠标经过图像的步骤。

4. 试描述网页中插入 Falsh 动画的步骤。

5. 试描述网页中插入背景音乐的步骤。

第3章
音频处理及编辑

音频是多媒体应用的重要组成部分。现实世界的声音来源是相当复杂的，声音不仅与时间和空间有关，还与强度、方向等很多因素有关。随着计算机技术的快速发展，数字化声音已经在生活中被广泛应用。

通过本章的学习，读者应掌握以下知识。
- 声音的概念和特征。
- 声音的三要素。
- 声音质量的度量方法。
- 常见的音频文件格式。
- 音频编辑软件 GoldWave 的使用方法。

3.1 数字音频基础知识

声音是多媒体信息的一个重要组成部分，也是表达思想和情感的一种必不可少的媒体。声音的合理使用可以使多媒体应用系统变得丰富多彩。在多媒体系统中，音频可被用作输入或输出。输入可以是自然语言或语音命令，输出可以是语音或音乐，这些都涉及音频处理技术。

3.1.1 声音的基本概念

声音是由物体振动而产生的。机械振动或气流扰动引起周围弹性媒介发生波动，从而产生声波，产生声波的物体称为声源，如乐器、音箱等。声波涉及的空间范围称为声场。声波传入人耳，经过人类听觉系统的感知就是声音。

在物理上，声音是一条连续的波，可用一条连续曲线表示。这条曲线无论多复杂，都可分解成一系列正弦波的线性叠加。规则音频是一种连续变化的模拟信号，可用一条连续的曲线表示，称为声波。如图 3-1 所示。

音频指人能听到的声音，包括语音、音乐和其他声音（声响、环境声、音效声、自然声）。

音频信号可分为两类：语音信号和非语音信号。语音是语言的物质载体，它包含了丰富

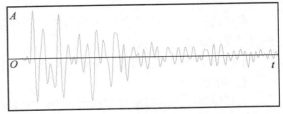

图 3-1 声波

的语言内涵，是人类进行信息交流的特有形式。非语音信号主要包括音乐和自然界存在的其他声音。非语音信号的特点是不具有复杂的语义和语法信息，信息量低，识别简单。

3.1.2 声音的三要素

声音有若干感知特性，它们是人对声音的主观反应。声音的特性主要有音调、音强和音色，它们被称为声音的三要素。

1. 音调

音调也叫音高，代表声音的高低。音调与频率有关，频率越高，音调越高，频率越低，音调越低。不同的声源具有自己特定的音调，如果改变了声源的音调，则声音会发生质的转变，使人无法辨别声源本来的面目。

2. 音强

音强也叫响度，代表声音的强度，即常说的音量。与声波的振幅有关，振幅越大，强度越大，振幅越小，强度越小。

3. 音色

音色也叫音品，代表声音的特色。每个人讲话都有自己的音色，每种乐器都有各自的音色，即使它们演奏相同的曲调，人们还是能将其区分开来。

声音分为纯音和复音两种类型，纯音指振幅和周期均固定的声音，复音指具有不同频率和不同振幅的声音混合。大自然中存在的声音绝大部分是复音。在复音中，最低频率的声音叫基音，它是声音的基调，除了基音外，其他频率的声音叫泛音。基音和泛音是构成复音音色的重要因素。

3.1.3 声音的特征

声音具有三大特征：连续谱特征、方向感特征和质量特征。

1. 连续谱特征

声音是一种弹性波形，它在时间和频率上都是连续的。

2. 方向感特征

声音的传播是以声波形式进行的，由于人类的耳朵能够判别出声音到达左右耳的相对时差和声音强度，所以能够判别出声音的方向以及由于空间使声音来回反射而造成声音的特殊空间效果。

3. 质量特征

声音的质量与声音的频率范围有关，一般说来，频率范围越宽声音的质量就越高。

3.1.4 声音的频率

声音的频率是指每秒钟声音信号变化的次数，用 Hz 表示。例如，20Hz 表示声音信号在 1 秒钟内周期性地变化 20 次。

下面依次介绍人类听觉、人声、话音、声乐和器乐等的频率范围。

1. 听觉

人耳能感受到的频率范围约为 20Hz~20kHz，此频率范围内的声音为可听声，频率小于 20Hz 的声音为次声，频率大于 20kHz 的声音为超声。如表 3-1 所示。

表 3-1	声音的频率范围	
<20Hz	20Hz~20kHz	>20kHz
次声	可听声	超声

2. 人声与话音

人的发音器官发出的声音（人声）的频率大约是 80Hz ~ 3400Hz。人说话的声音（话音）的频率通常为 300Hz ~ 3000 Hz（带宽约 3kHz）。

3. 器乐

传统乐器的发声范围为 16Hz (C_2) ~ 7kHz(a^5)，如钢琴的为 27.5Hz (A_2) ~ 4186Hz(c^5)。

乐理的音高采用 12 平均律，将 8 度（倍频）音，按 2 的指数分为 12 份，每份相当于一个半音（100 音分）。如表 3-2 所示。

音名	C		D		E		F		G		A		B		C
简谱	1		2		3		4		5		6		7		i
唱名	do		re		mi		fa		sol		la		si		do
音程		全音		全音		半音		全音		全音		全音		半音	
音分		200		200		100		200		200		200		100	

可把音高分为若干组，低音用大写字母，高音用小写字母，更低/高的音在大/小写字母后用数字下/上标表示其级别，如标准音 $a^1 = 440Hz$，中央 C：$c^1 = 261.625\ 565\ 3Hz$。8 度音的频率差一倍，如 $a^2 = 2 \times a^1 = 2 \times 440Hz = 880Hz$，$C_1 = 2 \times C_2 = 2 \times 16.35Hz = 32.70Hz$。如表 3-3 所示。

表 3-3	音高的分组与频率						
分组	大字组	小字组	小字 1 组	小字 2 组	小字 3 组	小字 4 组	小字 5 组
音名	C ~ B	c ~ b	c1 ~ b1	c2 ~ b2	c3 ~ b3	c4 ~ b4	c5 ~ a5
频率 Hz	65.4~123.5	130.8~246.9	261.6~493.9	523.3~987.8	1046.5~1975.5	2093~3951.1	4186~7040

例如，键盘乐器（如钢琴、风琴、电子琴等）的键盘由多组按键组成，每组有 7 白和 5 黑共 12 个按键组成，对应于一个八度音的 12 平均律。其中 7 个白键依次对应于音名 C、D、E、F、G、A、B，5 个黑键依次对应于音名#C（^bD）、#D（^bE）、#F（^bG）、#G（^bA）、#A（^bB），其中字母左上角的符号#和 b 分别表示升/降半音。如图 3-2 所示。

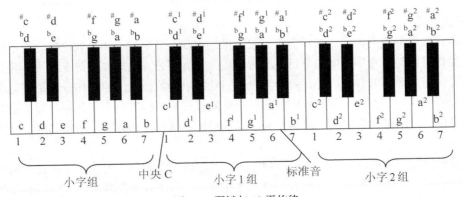

图 3-2　琴键与 12 平均律

4. 声乐

声乐指人唱歌，可以按照男、女、童和高、中、低等来进行分类。声乐的频率范围为 87Hz（男低音）~1318Hz（花腔女高音）。一般歌手的音域都有两个 8 度左右的宽度，但是有少数通俗唱法歌手的音域只有 8 度宽。如表 3-4 所示。

表 3-4　　　　　　　　　　声乐中不同声部的音高与频率范围

人	声部	音域	频率范围（Hz）	音宽（度）
女声	花腔女高音	$c^1 \sim e^3$	261.6 ~ 1318.5	17
	女高音	$c^1 \sim c^3$	261.6 ~ 1046.5	15
	女中音	$a \sim a^2$	220 ~ 880	15
	女低音	$f \sim f^2$	174.6 ~ 698	15
男声	男高音	$c \sim c^2$	130.8 ~523.2	15
	男中音	$A \sim a^1$	110 ~ 440	15
	男低音	$F \sim f^3$	87.3 ~ 349.2	15
童声	童高音	$c^1 \sim g^2$	261.6 ~ 783.9	12
	童低音	$a \sim e^2$	220 ~ 659.2	12

3.1.5　声音的质量

有两种常用方法可以衡量声音的质量：一是客观度量，二是主观度量。

1. 客观度量

客观度量常用带宽来进行度量。带宽即声音的频率范围，带宽越大，声音的频率范围越宽，质量就越好。如表 3-5 所示，下面几种声音类型的质量等级从高到低依次是音响、调频广播、调幅广播和电话语音。

表 3-5　　　　　　　　　　几种常见的声音带宽

声音类型	带宽
电话语音	200 ~ 3400Hz
调幅广播	50 ~ 7000Hz
调频广播	20 ~ 15000Hz
音响	20 ~ 20000Hz

2. 主观度量

衡量声音质量单凭声音带宽判断有时比较困难，主观度量则是一种比较快捷、简单的方法。它的具体操作过程与近几年在电视节目中流行歌手大奖赛评分方法类似。首先挑选一些有代表性的人物，聆听需要评测的各种声音，每个人根据感觉给出分数，最后的平均分就是相对应的声音效果的评价结果。实际上，不同的应用对象，声音质量的衡量标准也不尽相同。对于语音来说，通常用可懂度、清晰度和自然度来衡量；对于音乐来说，就要求具有一定的保真度、立体感和音响效果。

主观度量可以采用的方法为主观平均判分法。召集若干实验者，由他们对声音质量的好坏进行评分，求出平均值作为对声音质量的评价，这种方法称为主观平均判分法，所得的分数称为主观平均分（mean opinion score，MOS）。

现在，对声音主观质量度量比较通用的标准是 5 分制，各档次的评分标准如表 3-6 所示。

表 3-6　　　　　　　　　　　　　　　声音质量评分标准

分数	质量级别	失真级别
5	优（Excellent）	无察觉
4	良（Good）	（刚）察觉但不讨厌
3	中（Fair）	（察觉）有点讨厌
2	差（Poor）	讨厌但不反感
1	劣（Bad）	极讨厌（令人反感）

3.2　数字音频

3.2.1　声音的数字化

声波可以用一条连续的曲线来表示，它在时间和幅度上是连续的。我们把在时间和幅度上都是连续的信号称为模拟信号（analog signal）。AM、FM 广播信号、磁带等记录的都是模拟音频信号。

音频信息在计算机中是以数字的形式存放和处理的，计算机只能处理一个个的数据。简单来说，计算机只能处理 0 和 1 两个数字。计算机处理声音时必须先将声音数字化，将模拟信号变成它能够处理的数字信号。

声音的数字化指将模拟信号变成数字信号。从模拟信号到数字信号的转换称为模数转换，记为 A/D（Analog-to-Digital）；从数字信号到模拟信号的转换称为数模转换，记为 D/A（Digital-to-Analog）。

声音的数字化过程分为 3 步，依次为采样、量化和编码。如图 3-3 所示。

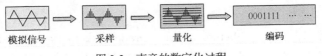

模拟信号　　　采样　　　量化　　　编码

图 3-3　声音的数字化过程

1. 采样

采样是将音频模拟信号在时间上离散化，即每隔一定的时间间隔抽取一个幅度值，把连续的模拟量用一个个离散的点表示出来，从而将时间上的连续信号变成时间上的离散信号。

每秒钟采样的次数称为采样频率，用 f 表示；样本之间的时间间隔称为采样周期，用 T 表示，$T=1/f$。例如：CD 的采样频率为 44.1kHz，表示每秒钟采样 44 100 次。常用的采样频率有 8kHz、11.025Hz、22.05kHz、15kHz、44.1kHz、48kHz 等。

在对模拟音频进行采样时，采样频率越高，音质越有保证；若采样频率不够高，声音就会产生低频失真。为了避免低频失真，奈奎斯特定理提出采样频率至少应为所要录制的音频的最高频率的 2 倍。例如，电话话音的信号频率约为 3.4 kHz，采样频率就应该 ≥6.8 kHz，考虑到信号的衰减等因素，一般取为 8kHz。

2. 量化

采样解决了音频波形信号在时间轴（即横轴）上把一个波形切成若干个等分的数字化问题，还需要用某种数字化的方法来反映某一瞬间幅度的大小。量化是将采样后离散信号的幅度表示出来的过程。例如，如果一个采样结果为 30.9，而样本取值范围为 0 ~ 100 间的整数值，那么该采样值被量化为 31。

每个采样点所能表示的二进制位数称为量化位数。例如，某个音频信号用 16 位（2 字节）表示，它的量化位数为 16，此音频信号在纵轴被划分为 2 的 16 次方个量化等级。

在相同采样频率下，量化位数愈高，声音质量越好。同理，在相同量化位数情况下，采样频率越高，声音质量也越好。

3. 编码

采样和量化后的信号还不是数字信号，需要把它转换成数字编码脉冲，这一过程称为编码。最简单的编码方式是二进制编码，即将已经量化的信号幅值用二进制数表示，计算机内采用的就是这种编码方式。如上面的 "31" 被编码后变为二进制数 00011111。

模拟音频经过采样、量化和编码后所形成的二进制序列就是数字音频信号，将其以文件的形式保存在计算机的存储设备中，这样的文件称之为数字音频文件。

3.2.2　常见的音频文件格式

1. WAV 格式

WAV 格式是微软公司开发的一种音频文件格式，也叫波形声音文件，是最早的数字音频格式，由于 Windows 本身的影响力，这个格式已经成为了事实上的通用音频格式。该格式记录的是声音的波形，所以只要采样频率足够高，采样字节足够长，记录的声音文件就能够和原声基本一致，但会导致音频文件占用存储空间太大。

在 Windows 平台下，WAV 格式是被支持得最好的音频格式，所有音频软件都能完美支持，由于本身可以达到较高的音质的要求，因此，WAV 格式也是音乐编辑创作的首选格式，适合保存音乐素材。因此，WAV 格式被作为一种中介的格式，常常使用在其他编码的相互转换之中，例如 MP3 格式转换成 WMA 格式。

2. MP3 格式

MP3 格式是 MPEG（Moving Picture Experts Group）Audio Layer-3 的缩写，1993 年由德国 Fraunhofer IIS 研究院和汤姆生公司合作开发成功。MP3 格式是当今较流行的音频文件格式，播放时需要安装播放软件，在网络和通信方面应用广泛。

MP3 格式可以做到 12：1 的压缩比并保持基本可听的音质，MP3 格式之所以能够达到如此高的压缩比例同时又能保持相当不错的音质，是因为利用了知觉音频编码技术，也就是利用了人耳的特性，削减音乐中人耳听不到的成分，同时尝试尽可能地维持原来的声音质量。

3. WMA 格式

WMA 格式是 Windows Media Audio 编码后的文件格式。WMA 格式以减少数据流量但保持音质的方法来达到更高的压缩率目的，其压缩率一般可以达到 1：18。WMA 格式支持防复制功能，支持通过 Windows Media Rights Manager 加入保护，可以限制播放时间和播放次数甚至于播放的机器。WMA 格式也支持流媒体技术，可以在网络上在线播放。

4. ASF 格式

ASF 格式由微软开发，是一种支持在各类网络和协议上的数据传输的标准，它支持音频、视频及其他多媒体类型。ASF 格式在录制时可以对音质进行调节，同一格式，音质好的可与 CD 媲美，压缩比较高的可用于网络广播。由于微软的大力推广，这种格式在高音质领域直逼 MP3 格式，并且压缩率比 MP3 提高 1 倍；在网络广播方面可与 Real 公司相竞争。

5. RA 格式

RA 格式由 Real Networks 公司开发，它的特点是可以在非常低的带宽下（低达 28.8kbit/s）提供足够好的音质。RA 格式针对的就是网络上的媒体市场，大部分音乐网站采用了这这种格式。RA 格式最大的特点在于它可以根据听众的带宽来控制自己的码率，在保证流畅的前提下尽可能提高音质。RA 可以支持多种音频编码，包括 ATRAC3。和 WMA 一样，RA 不仅支持边读边放，也同样支持使用特殊协议来隐匿文件的真实网络地址，从而实现只在线播放而不提供下载的播放方式。因此，它属于网络流媒体格式。

6. MIDI 格式

MIDI 格式是记录 MIDI 音乐的音频文件格式。与波形文件相比较，它记录的不是实际声音信号采样、量化后的数值，而是以命令符号的形式记录电子乐器的弹奏过程，比如按键的力度和时间等。MIDI 格式的文件非常小，每分钟的音乐只用约 7KB 的存储空间。MIDI 格式主要用于计算机作曲、流行歌曲的表演、电子游戏以及电子贺卡等方面。MIDI 格式的文件可以用作曲软件写出，也可以通过声卡的 MIDI 接口记录外接乐器的实际演奏过程而获得。MIDI 格式文件重放的效果完全依赖于声卡的性能和扬声器的质量。

7. AIFF 格式

AIFF 格式是 Macintosh 平台上的标准音频格式，属于 QuickTime 技术的一部分。AIFF 格式的特点是格式本身与数据的意义无关，因此受到了 Microsoft 的青睐，据此设计出 WAV 格式。AIFF 格式虽然是一种很优秀的音频格式，但由于它是 Macintosh 平台上的格式，因此在 PC 平台上并没有广泛流行。

3.2.3　常见的音频编辑软件

1．Windows 录音机

该软件是 Windows 操作系统附带的一个声音处理软件。如图 3-4 所示，它可以录制、混合、播放和编辑声音，也可以将声音链接或插入到另一个文档中。可做

图 3-4　Windows 录音机

的编辑操作有：向文件中添加声音，删除部分声音文件，更改回放速度，更改回放音量，更改或转换声音文件类型，添加回音等。Windows 录音机可以使用不同的数字化参数录制声音，可以使用不同的算法压缩声音，但只能打开和保存 WAV 格式的声音文件，编辑和处理效果功能也比较简单。

2．GoldWave

该软件是一个单音轨的数字音乐编辑器，可以对音乐进行播放、录制、编辑以及转换格式等处理，如图 3-5 所示。GoldWave 文件小巧，即拷即用，内含 LameMP3 编码插件，可直接制作高品质和多种压缩比率/采样比率/采样精度的 MP3 文件。同时附有多种效果处理功能，可将编辑好的文件保存成 MP3、WAV 和 AIFF 等多种格式。若 CD-ROM 是 SCSI 形式，它可以不经由声卡直接抽取 CD-ROM 中的音乐来录制编辑。具体功能如下。

● 以不同的采样频率录制声音信号。声源可以是 CD-ROM 播放的 CD 音乐，可以是音频线传来的收音机或者录音机信号，也可以通过话筒直接录音。

● 声音剪辑。如删除声音片段，复制声音片段，连接两段声音，把多种声音合成在一起等。

● 增加特殊效果。如增加混响时间，生成回音效果。改变声音的频率，制作声音的淡入、淡出效果，颠倒声音等。

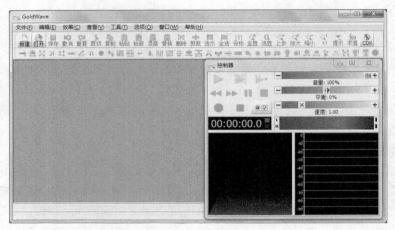

图 3-5　GoldWave

3. CoolEdit

该软件是 Syntrillium 公司开发的数字声音处理软件，可以进行声音的录制、编辑、混合及各种效果处理，支持多种文件格式和压缩算法，支持多音轨，可以同时打开多个文件，方便地进行声音的合成。如图 3-6 所示。

CoolEdit 支持的特效包括放大、降低噪声、压缩、扩展、回声、失真、延迟等。可以支持多个文件同时处理，可以轻松地在几十个文件中进行剪辑、粘贴、合并、重叠声音的操作。该软件还包含 CD 播放器，还可以在多种文件格式之间进行转换。

图 3-6　CoolEdit

4. Midisoft Studio

Midisoft Studio 软件是 Midisoft Corporation 专业 MIDI 制作软件，可录制、播放 MIDI 等格式的乐曲，并可编辑、打印五线谱。它的主体部分是乐谱窗口和混音窗口，如图 3-7 所示。编制一首乐曲只需将音符搬到五线谱上即可。

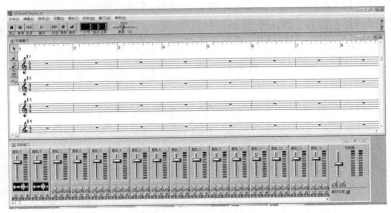

图 3-7　Midisoft Studio

5. Cakewalk

Cakewalk，使用该软件可用于制作单声部或多声部音乐，可以在制作的音乐中使用多种音色，也可以方便地制作出规范的 MIDI 文件，其软件界面如图 3-8 所示。随着计算机技术的进步，Cakewalk 向着更加强大的音乐制作工作站方向发展，Cakewalk 9.0 以后的版本更名为 Sonar。Sonar 不仅可以更好地编辑和处理 MIDI 文件，而且在音频录制、编辑、缩混方面也表现优秀。

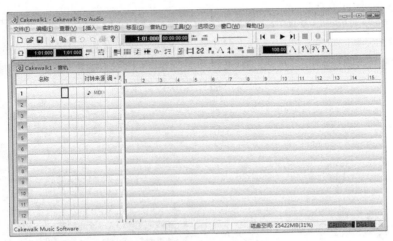

图 3-8　Cakewalk

3.3　声音的制作与编辑

音频处理技术的核心学习内容就是对音频信息进行处理。处理音频信息需要使用音频编辑软件，下面以 GoldWave 软件为例介绍如何对声音进行处理。

GoldWave 是一个功能强大的数字音频编辑器，它可以对声音进行播放、录制、编辑以及格式转换等处理。GoldWave 具有如下特性。

- 直观、可定制的用户界面，使操作更简便。
- 多文档界面可以同时打开多个文件，简化了文件之间的操作。
- 编辑较长的音乐时，GoldWave 会自动使用硬盘，而编辑较短的音乐时，GoldWave 就会在速度较快的内存中编辑。
- GoldWave 允许使用多种声音效果，如倒转、回音、摇动、边缘、动态和时间限制、增强、扭曲等。
- 精密的过滤器（如降噪器和突变过滤器）帮助修复声音文件。
- 批转换命令可以把一组声音文件转换为不同的格式和类型。该功能可以转换立体声为单声道，转换 8 位声音到 16 位声音，或者是文件类型支持的任意属性的组合。如果安装了 MPEG 多媒体数字信号编解码器，还可以把原有的声音文件压缩为 MP3 的格式，在保持出色的声音质量的前提下使声音文件缩小为原有大小的十分之一左右。
- CD 音乐提取工具可以将 CD 音乐复制为一个声音文件。为了缩小文件大小，也可以把 CD 音乐直接提取出来并存为 MP3 格式。
- 表达式求值程序在理论上可以制造任意声音，支持从简单的声调到复杂的过滤器。内置的表达式有电话拨号音的声调、波形和效果等。

3.3.1 GoldWave 的界面

安装好 GoldWave 后，双击桌面上的 GoldWave 图标 ，或者在安装文件夹中双击 GoldWave 图标，就可以运行 GoldWave。

GoldWave 的界面如图 3-9 所示，刚打开 GoldWave 时，窗口是空白的，需要先建立一个新的声音文件或者打开一个声音文件，窗口上的大多数按钮、菜单才能使用。GoldWave 主窗口从上到下依次为标题栏、菜单栏、工具栏、效果栏、工作区。主窗口右下方的窗体是控制器，其作用是播放声音、录制声音、进行时间显示以及播放速度和音量的控制。

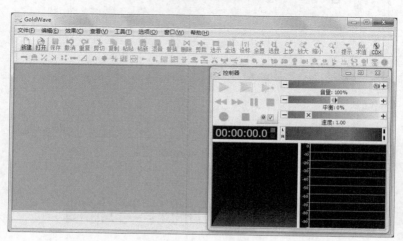

图 3-9　GoldWave 界面

3.3.2 打开和保存声音文件

1. 打开声音文件

GoldWave 支持多种声音格式，它不但可以编辑扩展名是 WAV、MP3、AU、VOC、AU、AVI、MPEG、MOV、RAW、SDS 等格式的声音文件，还可以编辑苹果电脑所使用的声音文件；GoldWave 还可以把 Matlab 中的 MAT 文件当作声音文件来处理。

单击工具栏上的【打开】按钮 或在菜单栏中选择"文件"→"打开"选项，弹出"打开声音文件"对话框，选择需打开的声音文件后单击【打开】按钮（或直接用鼠标双击这个声音文件）即可打开文件，如图 3-10 所示。

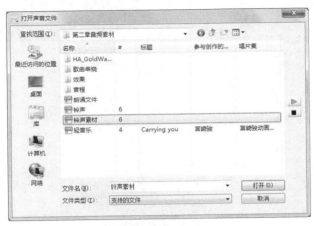

图 3-10　打开声音文件

打开声音文件之后会看到，GoldWave 的窗口中显示出了声音文件的波形。如果是立体声，GoldWave 会分别显示两个声道的波形，上面的绿色波形代表左声道，下面的红色波形代表右声道，而此时设备控制面板上的按钮可以使用。点击控制器上的【播放】按钮 ，GoldWave 就会播放这个声音文件。播放声音文件的时候，在 GoldWave 工作区中有一条白色的指示线，指示线的位置表示正在播放的声音的位置。与此同时，控制器上会显示音量以及各个频率段的声音的音量大小，如图 3-11 所示。

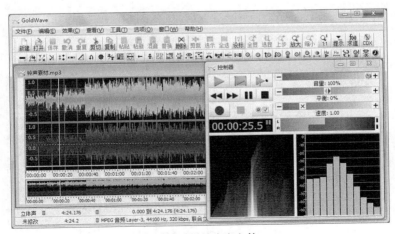

图 3-11　播放声音文件

在播放声音文件的过程中可以随时暂停、停止、倒放、快放，操作方法与普通的录音机一样。在设备控制面板上还有【录音】按钮 ● ，可以用来录制自己的声音，并且可以将自己的声音录制到一个已有的声音文件中与原有的声音混合，或者把原有的声音覆盖。

2. 保存声音文件

单击工具栏上的【保存】按钮 📥 或在菜单栏中选择"文件"→"保存"选项。

如果要把声音文件保存为其他的格式，在菜单栏中选择"文件"→"另存为"选项，打开"保存声音为"对话框，在"保存类型"下拉框中选择要保存的文件类型，单击【保存】按钮即可。如图 3-12 所示。

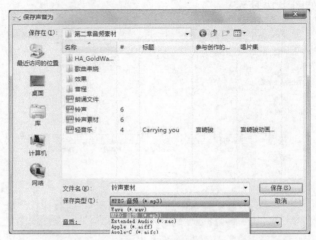

图 3-12　保存声音文件

3.3.3　声音的编辑

1. 选择区域

在 GoldWave 中，所进行的操作都是针对声音文件的某个区域。在处理波形之前，要先选择需要处理的波形区域。

方法一：在波形图上用鼠标左键单击所选区域的开始。如图 3-13 所示。

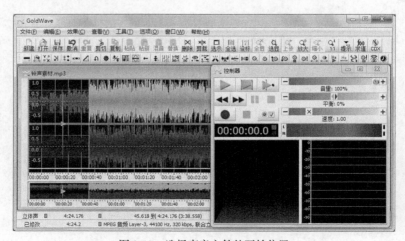

图 3-13　选择声音文件的开始位置

　　在需要结束的位置，单击鼠标右键，在弹出的快捷菜单中选择"设置结束标记"命令，确定所选区域的结尾。

　　上述步骤完成后，则选择了一段波形，如图 3-14 所示，选中的波形以较亮的颜色并配以蓝色底色显示，未选中的波形以较暗的颜色并配以黑色底色显示。现在，可以对这段波形进行效果处理。

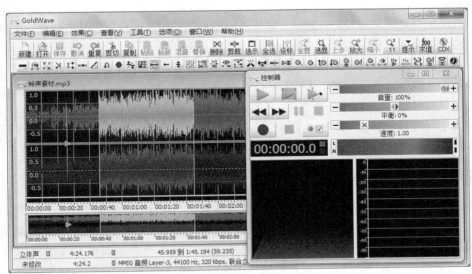

图 3-14　选择声音文件的结束位置

　　方法二：单击工具栏的【设标】按钮 可以对波形进行精确选择。单击【设标】按钮，打开"设置标记"对话框，选中"基于时间位置"单选按钮，设置开始时间和结束时间后，单击【确定】按钮即可。如图 3-15 所示。

图 3-15　设标

2. 复制、剪切、删除、裁剪波形段

（1）复制波形段

　　选择波形段以后，鼠标左键单击工具栏的【复制】按钮 ，选中的波形即被复制；然后，

用鼠标选择需要粘贴波形的位置，左键单击工具栏的【粘贴】按钮 ，刚才复制的波形段即可粘贴到所选的位置。

（2）剪切波形段

选择波形段以后，鼠标左键单击工具栏的【剪切】按钮 ，选中的波形即被剪切；然后，用鼠标选择需要粘贴波形的位置，左键单击工具栏的【粘贴】按钮 ，刚才剪切的波形段即可粘贴到所选的位置。

剪切波形段与拷贝波形段的区别是：拷贝波形段是把一段波形复制到某个位置，而剪切波形段是把一段波形剪切下来，粘贴到某个位置。

（3）删除波形段

选择波形段以后，鼠标左键单击工具栏的【删除】按钮 ，选中的波形即被删除。

（4）剪裁波形段

选择波形段以后，鼠标左键单击工具栏的【剪裁】按钮 ，未选中的波形即被删除。剪裁后，GoldWave 会自动把剩下的波形放大显示。

3.3.4 声音的效果处理

上节介绍了如何利用 GoldWave 来对声音做诸如复制、删除等一些简单的处理。这些功能虽然是最常用的，但如果想对一段声音进行更精密的处理，这些功能是不够的。本节介绍如何对波形进行较复杂的效果处理，如调整音量、回声处理、消减人声等。完成上述操作的按钮位于 GoldWave 的效果栏，常用的效果处理按钮的作用如图 3-16 所示。

图标	名称	作用
	多普勒	动态地改变或者弯曲所选波形的斜度
	动态	用于改变所选波形的幅值
	回声	为所选的声音加入回声效果
	机械化	为所选波形加入机械的特性
	偏移	通过上移或者下移波形来校正波形中的 DC 偏移
	反向	使所选波形倒放
	更改音量	改变所选波形的音量
	淡入	使所选波形逐渐加大音量
	淡出	使所选波形逐渐减小音量
	降噪	把声音中不想要的噪音去掉
	均衡器	调节每个频率段的音量大小
	表达式求值计算器	用数学公式产生声音

图 3-16 常用的效果处理按钮

1. 调整音量

可以利用调整音量功能来解决录制的声音音量太小的问题。方法是单击效果栏的【更改音量】按钮 ⊙ ，在弹出的"更改音量"对话框中拖动音量调整滑块来调整音量大小。单击此对话框中的【播放】按钮 ▶ 可以试听调整后的声音效果，以便重新指定合适的音量大小，试听满意后单击【确定】按钮即可。如图 3-17 所示。

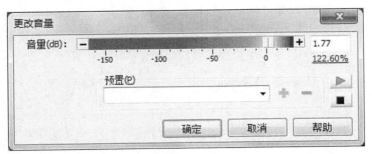

图 3-17　调整音量

2. 回声处理

回声在影视剪辑和配音中广泛应用，它可以使声音听起来更具有空间感。方法是单击效果栏的【回声】按钮 ⅓ ，在弹出的"回声"对话框中调整回声次数、延迟时间和音量大小等选项，试听满意后单击【确定】按钮即可。如图 3-18 所示。

延迟时间值越大，声音持续时间越长。音量控制的是返回声音的音量大小，这个值不宜过大，否则回声效果不真实。

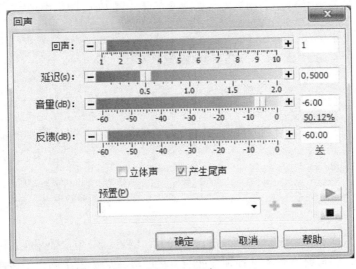

图 3-18　回声

3. 消减人声

某些歌曲需要消减人声，如果背景音乐和歌唱声分别单独保存在左右声道中，只需要删除歌唱声的声道即可。但是实际情况往往不是如此简单，此时需要用到消减人声的功能。

方法是单击效果栏的【消减人声】按钮 ⅷ ，在弹出的"消减人声"对话框中选择合适的带阻滤音量和范围数据或拖动滑块对文件进行消减人声，试听满意后单击【确定】按钮即可。如图 3-19 所示。

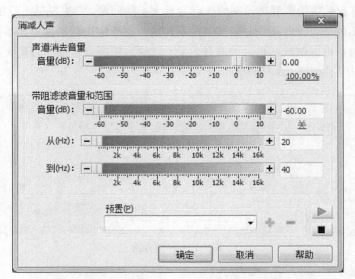

图 3-19　消减人声

4. 淡入淡出

淡入和淡出指声音的渐强和减弱，常用于声音的开始、结束或者两个声音的交替切换。淡入效果使声音从无到有、由弱到强；淡出效果与之相反，声音逐渐消失。

淡入的方法是选择需要进行淡入的前几秒区域，单击效果栏的【淡入】按钮 ，在弹出的对话框中调整初始音量和选择渐变曲线，试听满意后单击【确定】按钮即可。如图 3-20 所示。

图 3-20　淡入淡出

淡出的方法与淡入相似，先选择需要进行淡出的后几秒区域，单击效果栏的【淡出】按钮 ，在弹出的对话框中调整最终音量和选择渐变曲线，试听满意后单击【确定】按钮即可。

5. 混音

混音是配置背景音乐常用的功能，它可以为录音文件配置背景音乐。步骤如下。

➢ 单击工具栏的【打开】按钮，GoldWave 弹出"打开声音文件"对话框，按住【Ctrl】快捷键，选中两个需要处理的音频文件后，单击【打开】按钮。如图 3-21 所示。

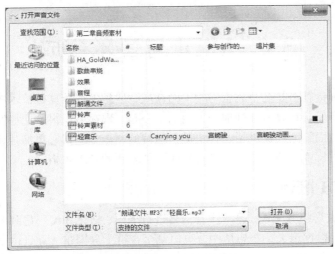

图 3-21　打开多个声音文件

➤ 单击背景音乐的波形图的标题栏，则选中此音频文件，在工具栏单击【复制】按钮　，如图 3-22 所示。

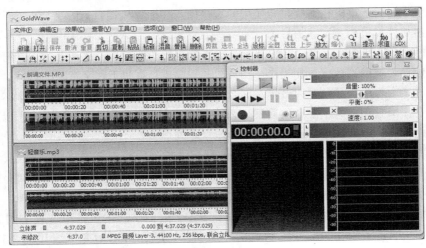

图 3-22　复制声音文件

➤ 单击录音文件的波形图的标题栏，则选中此音频文件，在工具栏单击【混音】按钮　，在弹出的对话框中设置进行混音的起始时间和音量，试听满意后单击【确定】按钮即可。如图 3-23 所示。

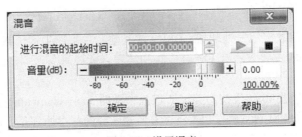

图 3-23　设置混音

3.4 MIDI 与音乐合成

在过去，音乐和计算机是两个完全不相干的领域，但是随着计算机技术的飞速发展及其应用领域的不断扩展，音乐与计算机奇妙地携手走到了一起。现在可以很方便地使电子乐器和多媒体计算机相互结合，从而给人们提供了一种快捷、独特的制作方式，它更加强调音色的非常规化、电子化、空间感和对比度、使电脑音乐日益形成一种崭新的音乐风格。

3.4.1 MIDI 概述

MP3、WAV 等波形声音文件，是对声音信号进行采样、量化和编码得到的各采样点的数值序列。这种形式的文件数据量大，要想从中分离出某个音符十分困难，并且由于这种记录音乐的方式不是人演奏各种乐器的自然过程，所以，要让作曲家们接受这种形式其难度可想而知。

这时，人们开始设想一种新的声音数据的表现形式，其原则是能够让乐器与计算机直接连接，使作曲家作曲的过程与他们惯用的方法一致，这样就产生了 MIDI 音乐。

MIDI（Musical Instrument Digital Interface，乐器数字接口）是指数字乐器与计算机连接的接口，即在数字乐器与计算机相连接时所使用的直接插入在计算机端口上的一个小部件，通过它可以使数字乐器与计算机相互沟通信息。

MIDI 的特点是其文件内部记录的是演奏乐器的全部动作过程，比如音色、音符、延时、音量、力度等信息，所以其数据量相当小。由此可见，MIDI 不属于数字音响的范畴，如果把数字音响比作录了某个人小提琴独奏的磁带，那么 MIDI 就是该独奏的乐谱，尽管乐谱本身并不产生任何实际声音，但它却定义了演奏的速度、音符及该独奏声音的大小。MIDI 音乐以乐谱的形式展示出来，而乐谱实际上就是描述演奏过程的命令序列。

为了使数字乐器与计算机之间形成良好的默契，各个厂商都需要将每种音色、每个音符、节拍、力度等动作的各项属性数字化，即编号。比如，将音色 Acoustic Piano 编号为 00，将音符 C3 编号为 00，将八分音符编号为 60。对于一个原声钢琴八分音符的 C3 音，在 MIDI 文件中对应 "000060"。在 20 世纪 80 年代，为了使各个厂商生产的设备可以被不同的计算机接收与处理，由几家电子乐器厂商共同制定了一个 MIDI 接口标准，这就是常说的 "GM（General MIDI）标准"。这个标准主要由两部分组成：一是规定了与设备相连的硬件标准，包括乐器间的物理连接方式，连接两个乐器所使用的 MIDI 缆线；二是规定了 MIDI 数据的格式，主要包括硬件上传输信息的编码方式。无论各厂商如何开发自己的产品，其基本设计必须参照这套 MIDI 标准。

3.4.2 MIDI 合成器

MIDI 合成器是利用数字信号处理器（DSP）或其他芯片来产生音乐或声音的电子装置。利用合成器产生 MIDI 音乐的主要方法有 FM 合成法和波表合成法。

1. FM 合成法

FM 合成法是 20 世纪 80 年代初由美国斯坦福大学的 John Chowning 发明的，称为 "数字式频率调制合成法"，简称 FM 合成法。FM 合成法生成乐音的基本原理是，用数字信号来表示不同乐音的波形，然后把它们组合起来，再通过数模转换器（DAC）生成乐音播放。

在乐音合成器中，数字载波的波形有很多种，不同型号的 FM 合成器所选用的波形也不同。各种不同乐音的产生是通过组合各种波形参数并采用各种不同的算法实现的。FM 合成器的算法包括确定用什么样的波形作为数字载波波形、用什么样的波形作为调制波形、用什么样的波形参数去组合并产生所希望的乐音。例如改变数字载波频率可以改变乐音的音调，改变它的幅度可以改变它的音量。选择的算法不同，载波器和调制器的相互作用也不同，生成的音色也不同。

FM 合成器的 13 个声音参数和算法共 14 个控制参数，以字节的形式存储在声音卡的 ROM 中。播放某种乐音时计算机就发送一个信号，这个信号被转换成 ROM 的地址，从该地址中取出的数据就是用于产生乐音的数据。FM 合成器利用这些数据产生的乐音是否真实，它的真实程度有多高，取决于可用的波形源的数目、算法和波形的类型。

2. 波表合成法

使用 FM 合成法来产生各种逼真的乐音是相当困难的，有些乐音几乎不能产生。目前的声卡一般采用乐音样本合成法，即波表合成法。这种方法就是把真实乐器发出的声音以数字的形式记录下来，播放时根据命令生成各种音阶的音符，产生的声音质量比 FM 合成方法产生的声音质量要高很多。乐音样本的采集相对比较直观。例如，当音乐家在真实乐器上演奏音乐时选择 44.1kHz 的采样频率、16bit 的量化位数的精度进行采样，便可得到相当于 CD-DA 的声音质量。

与 FM 合成不同，波表合成是采用真实的声音样本进行回放。声音样本记录了各种真实乐器的采样波形，并保存在声卡上的 ROM 或 RAM 中。例如创新的 Sound Blaster AWE32 是第一块广为流行的波表声卡。该卡采用了 EMU8000 波表处理芯片，提供 16bit MIDI 通道和 32bit 的复音效果。波表合成的声音比 FM 合成的声音更为丰富和真实，但由于需要额外的存储器作为音色库，因此成本也较高，而且音色库越大，所需的存储器就越多，相应地成本也就越高。

波表合成可以有软硬之分，软波表原理跟硬波表一样，都是采用了真实的声音样本进行回放。只是硬波表的音色库是存放在声卡的 ROM 或 RAM 中，而软波表的音色库则以文件的形式存放在硬盘里，需要时再通过 CPU 进行调用。由于软波表是通过 CPU 的实时运算来回放 MIDI 音效，因此软波表对系统要求较高。

3.4.3 MIDI 音乐创作软件

近几年来市场上不断出现不同功能的电脑音乐创作软件,这些软件大体上可以分为以下 3 类:一类是专为作曲及编曲而设计的，比如 Cakewalk、Cubase、Mastertracl Pro 等；还有些是专为制作和打印五线谱而设计的,比如 Encore、Finale 等;另外一些是专为音乐教育而设计的,比如 Piano、Music lesson 等，品种非常多。有了这些软件的帮助，人们在学习作曲、编曲、制作和编辑五线谱以及制作唱片等方面都产生了前所未有的变化。

习 题

一、选择题

1. 声音的三要素不包括（   ）。

　　A. 音准　　　　B. 音强　　　　　C. 音调　　　　　　D. 音色

2. 声音的三要素中，（   ）与声波的振幅有关。

　　A. 音准　　　　B. 音强　　　　　C. 音调　　　　　　D. 音色

3. 最低频率的声音叫（　　）。

    A. 纯音   B. 复音   C. 基音   D. 泛音

4. 主观平均分（MOS）中，下列哪个分数质量最好（　　）。

    A. 1   B. 2   C. 3   D. 4

5. 下列哪个软件不属于音频编辑软件（　　）。

    A. Windows 录音机   B. CoolEdit   C. Cakewalk   D. Photoshop

6. 带宽越大，声音的频率范围越宽，质量就越好。下面几种声音类型中，（　　）的质量最好。

    A. 电话语音   B. 调幅广播   C. 调频广播   D. 音响

7. 在时间和幅度上都是连续的信号称为（　　）。

    A. 数字信号   B. 模拟信号   C. 广播信号   D. 声音信号

8. CD 的采样频率为 44kHz，表示每秒钟采样次数为（　　）次。

    A. 11 000   B. 22 000   C. 44 000   D. 88 000

9. 下列格式中，不属于音频格式的是（　　）。

    A. RA   B. JPEG   C. WMA   D. MP3

10. 在 GoldWave 中 　 按钮代表的是（　　）。

    A. 淡入   B. 淡出   C. 混音   D. 消减人声

二、填空题

1. 音频信号可分为_____和_____两类。

2. _____也叫音高，代表声音的高低。

3. 声音具有 3 大特征：_____特征、_____特征和_____特征。

4. 声音的_____是指每秒中声音信号变化的次数，用 Hz 表示。

5. 声音的数字化指将_____信号变成_____信号。

6. 为了避免低频失真，奈奎斯特定理提出采样频率至少应为所要录制的音频的最高频率的_____倍。

7. WAV 格式是_____公司开发的一种音频文件格式。

8. _____是将采样后离散信号的幅度表示出来的过程。

9. _____是指数字乐器与计算机连接的接口。

10. 利用合成器产生 MIDI 音乐的主要方法有_____合成法和_____合成法。

三、简答题

1. 声音的概念是什么？

2. 衡量声音质量的方法有哪几种？

3. 声音的数字化过程分为哪几步？

第4章
计算机图形图像技术

Adobe Photoshop，简称"PS"，是由 Adobe Systems 开发和发行的图像处理软件。Photoshop 主要处理以像素所构成的数字图像。使用其众多的编修与绘图工具，可以有效地进行图片编辑工作。PS 有很多功能，在图像、图形、文字、视频、出版等各方面都有涉及。

通过本章的学习，读者应掌握以下知识。

- 计算机图形图像的基本知识。
- Photoshop 中各类工具的使用。
- Photoshop 图层的应用。
- Photoshop 蒙板的使用。
- Photoshop 文字处理和路径应用。
- Photoshop 滤镜的使用。

4.1　图形图像概述

利用 Photoshop 对图像进行各种编辑与处理之前，应该先了解有关图像大小、分辨率、图像色彩模式以及图像格式的知识。掌握了这些图像处理的基本概念，才不至于使处理出来的图像失真或达不到自己预想的效果。

随着数字图像处理方式和相应的计算机工具如 Photoshop 的出现，传统的摄影艺术得到了极大的拓展。但是要充分享受这一新技术的成果，必须树立起许多新观念。传统的、依靠化学方法制成的照片和数字图像之间并没有直接的相互关系，它们各具特色，也有各自的不足。应该说，数字图像与传统化学图片之间具有很密切的关系。不要把数字图像看作是与传统化学照片截然分离的新事物，而要看到它们是相互依赖，互为补充的。

本节主要介绍关于图像的类型、图像分辨率、图像色彩模式和图像格式这 4 个方面内容。

4.1.1　矢量图和位图

数字图像按照图像元素的组成可以分为两类，即矢量式图像（Vector Image）和位图图像（Raster Image）。两类图像各有优缺点，但是又可以搭配使用，互相取长补短。如矢量图适合于技术插图，但聚焦和灯光的质量很难在一幅矢量图像中获得；而位图图像则更能够给人一种照片似的感觉，其灯光、透明度和深度的质量等都能很逼真地表现出来。下面分别对位图与矢量图进行具体介绍。

1. 位图

位图也称为点阵图或像素图，计算机屏幕上的图像是由屏幕上的发光点（即像素）构成的，每个点用二进制数据来描述其颜色与亮度等信息，这些点是离散的，类似于矩阵，多个像素的色彩组合就形成了图像，称之为位图。位图在放大到一定限度时会发现它是由一个个小方格组成的，这些小方格被称作像素点，像素是图像中最小的图像元素。因此处理位图图像时，我们所编辑的是像素而不是对象或形状，位图图像的大小和质量取决于图像中像素点的多少，每平方英寸中所含像素越多，图像越清晰，颜色之间的混合也越平滑。计算机存储位图图像实际上是存储图像的各个像素的位置和颜色数据等信息，所以图像越清晰，像素越多，相应的存储容量也越大。因此，位图图像的大小和质量取决于图像中像素点的多少。

位图图像与矢量图像相比更容易模仿照片似的真实效果。位图图像的主要优点在于表现力强、细腻、层次多、细节多，可以十分容易地模拟出像照片一样的真实效果，由于是对图像中的像素进行编辑，所以在对图像进行拉伸、放大或缩小等处理时，其清晰度和光滑度会受到影响。位图图像可以通过扫描、数码相机等获得，也可以通过 Photoshop 之类的设计软件生成。

2. 矢量图

矢量图也称为向量图，是用一系列计算机指令来描述和记录一幅图。一幅图可分解为一系列由点、线、面等组成的子图，它所记录的是对象的几何形状、线条粗细和色彩等。生成的矢量图文件存储容量很小，特别适用于图案设计、文字设计、标志设计、版式设计、计算机辅助设计（CAD）、工艺美术设计、插图等。

矢量图只能表示有规律的线条组成的图形，如三维造型、工程用图或艺术字等。对于由无规律的像素点组成的图像（风景、人物），难以用数学形式表达，不宜使用矢量图格式；其次，矢量图不容易制作色彩丰富的图像，绘制的图像不很真实，并且在不同的软件之间交换数据也不太方便。

另外，矢量图像无法通过扫描获得，它们主要是依靠设计软件生成，矢量绘图程序定义（如数学计算）角度、圆弧、面积以及与纸张相对的空间方向，包含赋予填充和轮廓特征性的线框。常用的矢量图处理软件有 AutoCAD、CorelDraw、Illustrator 和 FreeHand 等。

4.1.2 图像分辨率

分辨率是指单位长度上像素的多少，单位长度上像素越多，图像就越清晰。像素是显示器上显示的光点的单位，是观看实际成像工作的地方。每英寸像素是分辨率的度量单位，同时也是在一幅图像上工作的度量单位。

分辨率既可以指图像文件包括的细节和信息量，也可以指输入、输出或者显示设备能够产生的清晰度等级，它是一个综合性的术语。在处理位图时，分辨率同时影响最终输出的文件质量、大小。常见的分辨率有以下几种类型。

（1）显示器分辨率

显示器分辨率是指显示器上每单位长度显示的像素或点的数目，常用"点/英寸（dpi）"为单位来表示。如 72 dpi 表示显示器上每英寸显示 72 个像素或点。PC 显示器的典型分辨率约是 96 dpi，苹果机显示器的典型分辨率约是 72 dpi，当图像分辨率高于显示器的分辨率时，图像在显示器屏幕上显示的尺寸会比指定的打印尺寸大，这就是我们通常看见一幅图像在屏幕上显示的尺寸效果比打印机输出时的图像尺寸要大的原因。

（2）图像分辨率

图像分辨率指图像中每单位长度所包含的像素或点的数目，常以"像素/英寸（ppi）"为单位来表示。如 72 ppi 表示图像中每英寸包含 72 个像素或点。分辨率越高，图像越清晰，图像文件所需的磁盘空间也越大，编辑和处理所需的时间也越长。

注意：图像文件的大小与图像尺寸和分辨率三者之间有着紧密的联系，当分辨率不变时改变图像尺寸，其文件的大小也将改变，尺寸较大时保存的文件也较大；当分辨率改变时，文件大小会相应改变，分辨率越大，则图像文件也越大。

（3）输出分辨率

输出分辨率又叫打印分辨率，指绘图仪、照相机或激光打印机等输出设备在输出图像时每英寸所产生的油墨点数。若使用与打印机输出分辨率成正比的图像分辨率，就能产生较好的输出效果。

4.1.3　色彩和色彩模式

颜色主要由光线、观察者和被观察对象这 3 个实体组成。由于物体内部的组成物质不同，受光线照射后，产生光的分解，一部分光线被吸收，其余光线被反射出来，成为我们所见的物体颜色。

在了解 Photoshop 的色彩模式之前，先来了解一下计算机显示颜色和打印输出颜色的区别。计算机显示器也是一种光源，用于显示图像的光线直接进入用户的眼睛。人眼观察颜色是根据它所接受光的波长来决定的，包含所有色谱的光为白光，而没有光的情况下只有黑色。大部分可见光谱都是由红、绿、蓝三原色以不同比例混合而成，因此显示器显示颜色为相加模式，即 3 种基色以不同的百分比混合而成的可见色光。

打印输出的颜色是一种反射光颜色，是根据纸张上油墨对光的吸收和反射而反映出来的。彩色的油墨吸收一部分光而反射其他的光，这样用户就看到了各种颜色，因而实际上打印输出的颜色为一种减色模式。

总之，显示器显示颜色与打印输出颜色是完全不同的两种颜色模式。在计算机图像中，常用的颜色模式有 RGB、CMYK、HSB 和 Lab。另外还有黑白位图模式、灰度模式、索引模式等。

1. RGB 模式

自然界中所有的颜色都可以用红（Red）、绿（Green）、蓝（Blue）3 种颜色波长的不同组合而成（原色不能由其他色光混合而成），通常称为三原色。3 种颜色都有 256 个亮度级，所以 3 种色彩叠加就形成了 1670 万种颜色，即真彩色。RGB 色彩模式是最佳的编辑图像色彩模式，因为它可以提供全屏幕的 24 bit 的色彩范围，即真彩色显示。

注意：RGB 模式一般不用于打印，因为它的有些色彩已经超出了打印的范围，在打印一幅真彩色的图像时，就会损失一部分亮度，且比较鲜艳的色彩会失真。在打印时，系统自动将 RGB 模式转换为 CMYK 模式，而 CMYK 模式所定义的色彩要比 RGB 模式定义的色彩少很多，因此会损失一部分颜色，出现打印后失真的现象。

2. CMYK 模式

它是彩色印刷时使用的一种颜色模式，由 Cyan（青）、Magenta（洋红）、Yellow（黄）和 Black（黑）4 种色彩组成。为了避免和 RGB 三基色中的 Blue（蓝色）发生混淆，其中的黑色用 K 来表示。在平面美术中经常用到 CMYK 模式。

3. HSB 模式

在 HSB 模式中，H 表示 Hue（色相），S 表示 Saturation（饱和度），B 表示 Brightness（亮度）。饱和度表示色彩的纯度，黑、白和其他灰色色彩没有饱和度，在最大饱和度时，每一色相具有最纯的色光；亮度是色彩的明亮度，为 0 时即是黑色，最大亮度是色彩最鲜艳的状态。

4. Lab 模式

Lab 模式是国际照明委员会发布的一种色彩模式，由 RGB 三基色转换而来，是 RGB 模式转换为 HSB 模式和 CMYK 模式的桥梁。同时也弥补了 RGB 和 CMYK 两种色彩模式的不足，该颜色模式由一个发光串（Luminance）和两个颜色（a，b）轴组成。它由颜色轴所构成的平面上的环形线来表示颜色的变化，其中径向表示颜色饱和度的变化，自内向外，饱和度逐渐增高；圆周方向表示色调的变化，每个圆周形成一个色环；而不同的发光率表示不同的亮度并对应不同环形颜色变化线。它是一种具有"独立于设备"的颜色模式，不论在任何显示器或者打印机上使用，Lab 的颜色不变。

5. 其他颜色模式

除了以上几种最基本的颜色模式外，Photoshop 还支持其他的颜色模式，包括灰度模式、索引模式、位图模式等。这些模式都有它们自身的特点和用途。下面详细介绍这几种颜色模式。

（1）灰度模式

灰度模式中只存在灰度，最多可达 256 级灰度，当一个彩色文件被转换为灰度模式的文件时，Photoshop 会将图像中的色相及饱和度等有关色彩的信息消除掉，只留下亮度。

注意：虽然 Photoshop 允许将一个灰度文件转换为彩色模式文件，但却不可能恢复原来的颜色。

灰度值可以用黑色油墨覆盖的百分比来表示，0%代表白色、100%代表黑色。而在 Color 调色板中的 K 值是用来衡量黑色油墨量的。

（2）索引颜色模式

索引颜色模式又称为映射颜色。在此种模式下，只能存储一个 8 bit 色彩深度的文件，即图像中最多含有 256 种颜色，且这些颜色都是预先定义好的。一幅图像的所有颜色都在它的图像索引文件里定义，即将所有色彩存放到一个被称为颜色查找的对照表（CLUT）中。因此，当打开图像文件时，彩色对照表也将一同被读入 Photoshop 中。Photoshop 将从彩色对照表中找出最终的色彩值，若原图不能用 256 色表现，那么 Photoshop 会从可用的颜色中选择最相近的颜色来模拟这些颜色。

提示：用此种模式不但可有效缩减图像文件的太小，而且可适度保持图像文件的色彩品质，很适合制作放置于 Web 页面上的图像文件或多媒体动画。

（3）位图模式

黑白位图模式就是只由黑色与白色两种像素组成的图像。因为其位深度为 1，所以也被称为一位图像。像激光打印机、照相机这些输出设备都是靠细小的点来渲染灰度图像的，因此使用位图模式就可更好地设定同点的大小、形状及相互的角度。

（4）双色调模式

双色调模式即采用两种彩色油墨来创建由双色调、三色调、四色调混合色阶来组成的图像。在此模式中，最多可向灰度图像中添加 4 种颜色。

（5）多通道（Multichannel）模式

多通道模式包含多种灰阶通道，每一通道均由 256 级灰阶组成。这种模式对特殊打印需求的图像非常有用。当 RGB 或 CMYK 色彩模式的文件中任何一个通道被删除时，即会变成多通道色彩模式。另外，在此模式中的彩色图像由多种专色复合而成，大多数设备不支持多通道模式的图像，但存为 Photoshop CD 2.0 格式后，就可以输出了。

4.1.4　常用图像格式

图像格式是指计算机表示、存储图像信息的格式。由于历史的原因，不同厂家表示图像文件的方法不一，目前已经有上百种图像格式，常用的也有几十种。同一幅图像可以用不同的格式存储，但不同格式之间所包含的图像信息并不完全相同，因此，文件大小也有很大的差别。下面简单介绍几种最为常见的图像格式。

1. PCX（*.pcx）

该格式最早是由 Zsoft 公司创建的一种专用格式，并被很多公司所采用，由于该格式比较简单，因此特别适合保存索引和线画稿模式图像。其不足之处是它只有一个颜色通道，此外，由于该格式是公开发布的，因此，很多公司对其进行了多种改进，因而其版本不断升级，大多数图像处理软件均支持 PCX 格式的 5.x 版本。PCX 格式支持 1~24 位格式颜色深度和 RGB、索引颜色、灰度和位图色模式。

2. TIFF（*.tif）

这是一种通用的图像格式，几乎所有的扫描仪和多数图像软件都支持这一格式。该格式支持 RGB、CMYK、Lab、索引颜色位图和灰度颜色模式，有非压缩方式和 LZW 压缩方式之分。同 EPS、BMP 等格式相比，其图像信息最紧凑。TIF 得到了 Macintosh 和 IBM 等各种平台上软件的广泛支持。

3. BMP（*.bmp）

它是标准的 Windows 及 OS/2 的图像文件格式，Microsoft 的 BMP 格式是专门为 Windows 3.x 及后来版本的"画笔"或"画图"建立的。该格式支持 1~24 位颜色深度，使用的颜色格式可为 RGB、索引颜色、灰度和位图等，且与设备无关。

4. TGA（Traga Format）

该格式最初是为在 TVGA 显示器下运行图像软件而由 Ture Vision 公司开发的，后来其他许多图形软件也逐渐支持这一格式。该格式支持带一个单独 Alpha 通道的 32 位 RGB 文件，以及不带 Alpha 通道的索引颜色模式、灰度模式、16 位和 24 位 RGB 文件。以该格式保存文件时，可选择颜色深度。

5. GIF（*.gif）

该格式是由 CompuServe 提供的一种图像格式。由于 GIF 格式可以使用 LZW 压缩方式进行压缩，因此它被广泛用于通信领域和 Internet 的 HTML 网页文档中。不过该格式仅支持 8 位图像文件。

6. JPEG（*.jpg）

JPEG 是一种带压缩的文件格式，其压缩率是目前各种图像格式中最高的（可以在保存文件时选择）。但是，JPEG 在压缩时存在一定程度的失真。因此，在制作印刷品时最好不要选择此格式。JPEG 格式支持 RGB、CMYK 和灰度颜色模式，但不支持 Alpha 通道。该格式主要用于图像预览和制作 HTML 网页。

7. RAW（*.raw）

如果图像需要在不同的平台上被不同的应用程序所使用，而对这些平台又不熟悉，那么可以试试 RAW 文件格式。该格式支持带 Alpha 通道的 CMYK、RGB 和灰度颜色模式，以及不带 Alpha 通道的多通道、Lab、索引颜色和双色调模式。

8. PSD（*.psd）

该格式是 Photoshop 生成的图像格式，可包括层、通道和颜色模式等信息，且该格式是唯一支持全部颜色模式的图像格式。在保存图像时，若图像中含有层信息，则必须以 PSD 格式保存，若希望以其他格式保存，则必须在保存之前合并层。由于 PSD 格式保存的信息较多，因此其文件非常庞大。

9. Film Strip（*.flm）

该格式是 Adobe Premiere 动画软件使用的格式，这种格式的图像只能在 Photoshop 中打开、修改和保存，而不能将其他格式的图像以 FLM 格式保存。此外，如果在 Photoshop 中更改了图像尺寸和分辨率，则该图像将无法重新被 Premiere 所使用。

4.2　Photoshop 的操作环境

Photoshop 是美国 Adobe 公司开发的用于 Macintosh 和 Windows 平台上的图形图像处理软件。它具有强大的功能，是国内外最流行的专业平面设计软件之一。Photoshop 经历了 Photoshop 4.0，Photoshop 5.0，Photoshop 6.0 等几个阶段。Photoshop CS 已是比较成熟的一代，所以它一经推出就受到广大平面设计者和各界人士的欢迎。Photoshop CS 在绘图、图像处理、图像合成方面的功能尤为突出，所以被广泛应用于广告、出版、建筑、工业设计和 Web 动画等领域，例如常见的包装设计和海报设计等。

Photoshop 利用其自身优势又整合了 ImageReady，使其在网络方面的应用也日益增多，因此网页设计也成为 Photoshop 的主要应用范畴。Photoshop 可以应用于网页的视觉设计、布局排版和 Web 中的图像设计等。Photoshop CS 以其更加简单快捷的操作、更加逼真的制作效果，在实际中的应用范围更加广泛。

4.2.1　Photoshop 的启动和退出

1. Photoshop 的启动

要启动 Photoshop，常用的方法有以下几种。

方法一：用鼠标双击桌面上的 Photoshop CS 快捷方式图标，Photoshop CS 的启动界面如图 4-1 所示。

图 4-1　Photoshop CS 启动界面

方法二：选择"开始"→"所有程序"→"Adobe Photoshop CS"选项。

方法三：双击已经存盘的任意一个 PSD 格式的文件，可启动 Photoshop 并打开该文件。

2．Photoshop 的退出

要退出 Photoshop，常用的方法有以下几种。

方法一：单击 Photoshop 界面右上角的【关闭】按钮。

方法二：选择"文件"菜单中的"退出"选项。

方法三：使用组合快捷键【Alt+F4】。

4.2.2　Photoshop 的工作界面

Photoshop CS 的工作界面包括菜单栏、选项栏、工具箱、状态栏、文档窗口、文件浏览器和面板组等，如图 4-2 所示。

图 4-2　Photoshop CS 的工作界面

1．菜单栏

Photoshop CS 中的菜单栏与 Windows 窗口相同，其作用主要包括对工作环境的设置；文件的打开、保存与关闭；提供帮助信息和各种滤镜效果等。另外，还包括对图像进行处理的各种命令，不过其中大部分命令都可以在主窗口的其他各个部分中找到。

2．工具选项栏

工具选项栏的使用很简单，当用户在工具箱中选定某个工具后，该工具的属性就会出现在工具选项栏中。图 4-3 所示就是在工具栏中选择了放大工具后的工具选项栏。

图 4-3　放大镜工具选项栏

3．工具箱

通过工具箱中的工具可以选择、绘画、编辑和查看图像，还可以选取前景和背景色、创建快速蒙板以及更改屏幕显示模式等。大多数工具都有相关的选项栏，可选择工具的绘画和编辑效果。

① 若需显示工具箱，可以通过"窗口"→"工具"选项来实现。

② 若需移动工具箱，只要通过拖动工具箱的标题栏即可。

③ 若需选择基本工具，只要单击工具箱中的工具即可；若要选择隐蔽工具，将指针放在可见工具图标的上面，然后在高亮显示的弹出工具菜单中选择想要的工具图标即可。

4. 状态栏

程序窗口底部的状态栏是用来显示当前操作状态信息的。例如图像的当前放大倍数和文件大小，以及使用当前工具的简要说明。要显示或隐藏状态栏，反复选择"窗口"→"状态栏"选项即可。单击预览栏右边的下拉箭头，选择弹出菜单中的选项，相应的信息就会在预览栏中显示。

5. 使用面板

面板工具中包含打开面板、关闭面板、组合面板、移动面板、折叠面板、展开面板和改变面板显示面积。

● 打开和关闭面板。当面板处于关闭状态，在"窗口"菜单中单击所需的目标面板，就可以打开该面板；当面板处于打开状态，单击"窗口"菜单中该面板或单击该面板右上角的【关闭】按钮，即可关闭该调板。

● 将面板从面板组合中移出。用鼠标指向目标面板名称按钮，将目标面板从组合中拖曳出来，完成面板移出。

● 组合面板。将鼠标指向目标面板按钮，将面扳拖曳至目标面板组合中，完成组合面板。

● 移动面板。将鼠标指向面板上边框，拖曳至目标位置完成面板移动。

● 折叠面板。单击折叠面板右上角的【折叠】按钮█完成折叠操作。

● 展开调板。单击折叠面板右上角的【展开】按钮█完成展开操作。

● 调整面板显示面积。用鼠标指向面板，当鼠标指针转变为双向十字箭头时，拖曳鼠标至目标位置，则完成调整面板的显示大小。

6. 使用文件浏览器

选择"窗口"→"文件浏览器"选项或单击【文件浏览器】按钮，打开图 4-4 所示的"文件浏览器"对话框。在该对话框中可以快速查找和观看图形文件的各种信息，双击则打开该文件。

图 4-4　文件浏览器

7．使用文档窗口

在打开一个图像文件时，系统会自动新建一个文档窗口，如图 4-5 所示。文档窗口中显示了当前文件的色彩模式及名称信息。单击窗口右上角的【关闭】按钮，可以关闭当前文档；单击文档窗口右上角的【最小化】按钮，可以折叠当前文档窗口；单击文档窗口右上角的【最大化】按钮，可以最大化显示文档窗口。

图 4-5　文档窗口

4.2.3　图像处理工具

Photoshop 作为图形图像处理工具软件，提供了多种强大的图像处理工具，使用这些工具可以对图像进行擦除、复制、模糊、锐化、涂抹、增亮、加重和改变图像的形状、色调等操作，下面分别对这些工具进行介绍。

1．选择类工具

选择工具如图 4-6 所示，包括选框、套索、裁切、移动、魔棒、切片等工具，下面分别介绍。

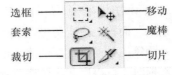

图 4-6　选择类工具

① 选框工具。包括矩形选框工具、椭圆选框工具、单行选框工具、单列选框工具，可让用户在图像中分别选择矩形区域、椭圆区域、单行或单列区域。在选项栏中可指定是添加新选区、向现有选区中添加、从选区中减去，还是选择与其他选区交叉的区域。还可指定羽化设置等。

② 移动工具。移动工具用来改变图像位置，使用移动工具可以直接拖动当前图层的图像。

③ 套索工具。包括套索工具、多边形套索工具、磁性套索工具。套索工具和多边形套索工具既可以绘制选框的直边线段，又可以手绘线段。使用磁性套索工具，边框会紧贴图像中定义区域的边缘。磁性套索工具特别适用于快速选择与背景对比强烈且边缘复杂的对象。使用套索工具拖移时，可以绘制手绘的选区边框。如果要绘制直边选区边框，可按住【Alt】键并单击线段的起点和终点。如果要抹除刚绘制的线段，则可在所需线段上按【Delete】键。如果要关闭选框，只要松开鼠标即可。

④ 魔棒工具。魔棒工具使用户可以选择颜色一致的区域。魔棒工具选区的"容差"值可以决定包含一定的色彩范围。对于"容差"值可以输入 0~255 之间的像素值，输入较小的值可以选择与所点按的像素非常相似的颜色，输入较大的值则选择更宽的色彩范围。

⑤ 裁切工具。裁切工具可以从图片中取出一部分。选择裁切工具后，在图片中拖曳出一个想保留的区域，然后按下回车键就可以得到裁切以后的图。

⑥ 切片工具。切片工具可以用于在图像上建立超链接。当选择切片工具在图片中拖曳出一个区域时，这个区域就是一个切片。在切片上单击鼠标右键会弹出一个快捷菜单，选择"编辑切片选项"命令，就可以设置超级链接的 URL 和目标等内容。

2. 绘画类工具

使用绘画类工具可以创建和编辑位图图像。Photoshop 绘画工具包括修复画笔工具、画笔工具、仿制图章工具、历史画笔工具、橡皮工具、填色工具、模糊或锐化工具、加深或减淡工具，如图 4-7 所示。下面分别对这些工具进行介绍。

图 4-7　绘画类工具

① 修复画笔工具。包括污点修复画笔工具、修复画笔工具、修补工具和红眼工具。修复画笔工具可以将选取的图像非常自然地融入到另一个图像背景中去。污点修复画笔可以轻松去掉瑕疵，抹去背景中不想要的对象和其他缺陷；修复画笔工具可以在图像上选取样色以修复瑕疵部分；修补工具可以画出需要修补的选区，通过移动选区选择修补色块；红眼工具可以去掉用闪光灯拍摄的人物照片中的红眼，也可以去掉闪光灯拍摄的动物照片中的白色或绿色反光。

② 画笔工具。包括画笔和铅笔，使用户可以在图像上绘制当前的前景色。在选项栏上选择不同的画笔、模式、不透明度和流量等选项，将产生不同的效果。默认情况下，画笔工具创建颜色的柔描边而铅笔工具则创建硬边手画线。通过复位工具的画笔选项可以更改这些默认特性。

③ 图章工具。包括仿制图章工具和图案图章工具。仿制图章工具是利用某个图层上的图案，在当前层上或者其他层上绘画，将一幅图像的全部或部分复制到同一幅图或其他图像中。图案图章工具是利用预定义好的图案来绘画，将定义的图案内容复制到同一幅图或其他图像中。

④ 历史工具。包括记录画笔工具和历史记录艺术画笔。在历史工具使用之前，要在"历史记录"面板上指定历史记录源作为历史画笔要画出的历史源数据。这两个工具的区别是，历史记录画笔工具通过重新创建指定的源数据来绘画。历史记录艺术画笔工具在恢复指定的历史记录源数据时，可以以艺术风格设置的选项进行绘画。

⑤ 橡皮擦工具。包括橡皮擦工具、背景橡皮擦工具和魔术橡皮擦工具。橡皮擦工具用于擦除图像颜色，并在擦除的位置上填入背景色，如果擦除的内容是透明的图层，那么擦除后会变为透明。使用橡皮擦工具时，可以在 Brushes 面板中设置不透明度、渐隐和湿边。此外，还可以在 Mode 下拉列表中选择 Penci（铅笔）或 Block（块）的擦除方式来擦除图像。

背景橡皮擦工具与橡皮擦工具一样，用来擦除图像中的颜色，但两者有所区别，即背景橡皮擦工具在擦除颜色后不会填上背景色，而是将擦除的内容变为透明。如果所擦除的图层是背景层，那么使用背景橡皮擦工具擦除后，会自动将背景层变为不透明的层。

魔术橡皮擦工具与橡皮擦工具的功能一样，可以用来擦除图像中的颜色，但该工具有其独特之处，即使用它可以擦除一定容差度内的相邻颜色，擦除颜色后不以背景色来取代擦除颜色，最后也会变成一透明图层。

⑥ 填色工具。包括渐变工具和油漆桶工具。使用渐变工具可以创建多种颜色间的逐渐混合，实质上就是在图像中或图像的某一区域中填入一种具有多种颜色过渡的混合色。油漆桶工具可以在图像中填充颜色，但它只对图像中颜色相近的区域进行填充。要使油漆桶工具在填充颜色时更

准确，可在其工具栏中设置参数。这些参数包括色彩混合模式（Mode）、不透明度（Opacity）、消除锯齿（Anti-aliased）、容差（Tolerance）、邻近像素（Contiguous）和填充内容（Fill）等。

⑦ 模糊、锐化和涂抹工具。使用模糊工具和锐化工具可以分别产生清晰和模糊的图像效果。模糊工具的原理是降低图像相邻像素之间的反差，使图像的边界或区域变得柔和，产生一种模糊的效果。而锐化工具与模糊工具刚好相反，它是增大图像相邻像素间的反差，从而使图像看起来清晰、明了。涂抹工具是模拟用手搅拌绘制的效果。使用涂抹工具能把单击处的颜色提取出来，并与鼠标拖动之处的颜色相融合。

注意：模糊、锐化和涂抹工具不能使用于位图和索引颜色模式的图像。

⑧ 加深或减淡和海绵工具。加深工具和减淡工具是色调工具，使用它们可以改变图像特定区域的曝光度，使图像变暗或变亮。使用海绵工具能够非常精确地增加或减少图像区域的饱和度。

3. 绘图类工具

在 Photoshop 中使用绘图工具时所创建的对象是矢量图形。矢量对象是以路径定义形状的计算机图形，矢量路径的开关由路径上绘制的点确定。矢量对象的笔触颜色与路径一致，填充占据路径内的区域。Photoshop 中的绘图工具包括路径选择工具、文本工具、钢笔工具和形状工具，如图 4-8 所示，下面分别进行介绍。

图 4-8　绘图类工具

① 路径选择工具。包括路径选择工具和直接选择工具。路径选择工具是选择在图像上创建的矢量图形。可以选择一个或多个路径，并对其进行移动、组合、排列、分发和交换等操作。直接选择工具：单击某个锚点可选择该锚点；按住鼠标拖动可改变锚点位置；拖动锚点两侧的控制杆可改变路径形状；按下【Shift】键的同时单击锚点可选择多个锚点；按下【Alt】键的同时单击任意一个锚点可选择该路径上的所有锚点。

② 文本工具。包括横排文字工具、直排文字工具、横排文字蒙板工具和直排文字蒙板工具。使用文字工具创建文字层，使用文字蒙板工具建立文字选区；为文字进行各种变形，将对文字层上的所有文字有效，不能对单个文字有效；如果要对文字层进行像素化处理必须将文字层转换为普通层，需要进行栅格化处理。

③ 钢笔工具。包括钢笔工具、自由钢笔工具、添加/删除锚点工具、转换工具。钢笔工具用于在图像的需要部分上绘制直线路径。自由钢笔工具以手绘的方式建立路径，用户可随意拖动鼠标来创建形状不规则的路径。添加、删除锚点工具用于在已存在的路径上插入或删除锚点。转换工具可将曲线锚点转换为直线锚点，或将直线锚点转换为曲线锚点。

④ 形状工具。用来画出相应图形，制作出来的线条都是矢量线条。包括矩形工具、圆角矩形工具、椭圆工具、多边形工具、直线工具和自定形状工具。

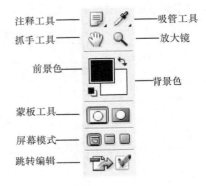

图 4-9　其他工具

4. 其他工具

其他工具包括注释工具、吸管工具、抓手工具、放大镜工具等，如图 4-9 所示。

① 注释工具。包括注释工具和语音注释工具。注释工具可以为图像增加文字注释，从而起到提示作用。语音注释工具在图像中添加语音注释，可以提醒其他同伴进行相应的操作。

② 吸管工具。包括吸管工具、颜色取样器工具和度量工具。吸管工具用于在图像或调色板中摄取颜色到色彩控制栏中。该工具可以在吸管可以达到的任何地方取样，摄取的颜色将作为前景色。颜色取样器工具可查看图像中若干关键点的颜色数值，以便在调整颜色时做参考。度量工具用来测量图像任意两点的距离，也可使用两条测量线创建一个量角器，以测定角度。

③ 抓手工具。当图像无法完整显示时，可使用此工具对其进行移动操作，但移动的是视图而不是图像，它并不改变图像在画布中的位置。双击抓手工具，图像按"满画布显示"（即显示全页）。

④ 放大镜工具。可以放大或缩小显示所需要的图像部分。

⑤ 前景色和背景色。通过此工具对图像进行上色或修改操作。单击颜色块可在弹出的拾色器中选择需要的颜色。通过切换工具可实现前、背景色的转换。通过单击【默认】按钮可恢复原始的前景色黑色、背景色白色的设置。

⑥ 蒙板工具。标准模式是 Photoshop 的基本工作模式，在此模式下，可以进行选择图像、填充颜色等操作。而快速蒙板模式则是只针对图像选择的一种模式。例如，使用画笔工具对图像的一部分进行上色，那么颜色并不应用在图像上，而是被设置成选区。

⑦ 屏幕模式。包括标准模式、带菜单栏的全屏模式和不带菜单栏的全屏模式。

⑧ 跳转编辑。将把当前编辑的图像转到 ImageReady 软件中处理。

4.3　Photoshop 的基本操作

4.3.1　文件操作

1. 新建文件

在 Photoshop CS 中新建文件时，选择"文件"菜单中的"新建"选项，或者按【Ctrl+N】组合快捷键，都能弹出"新建"对话框，如图 4-10 所示，在对话框中，用户可以设置文件的名称、长宽尺寸、图形的分辨率、颜色模式等参数。当打开此对话框时，在名称文本框中默认的文件名是"未标题-l"，用户可以将其改写成其他的文件名。

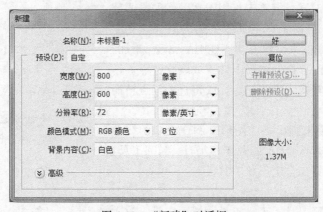

图 4-10　"新建"对话框

图像的分辨率，一般为每英寸 72 像素，在制作封面时为每英寸 300 像素，在制作招贴画时为每英寸 350 像素左右。用户也可以按照自己的需求来设置，还可以在平面设计后期通过相关设置来实现。在"模式"下拉选项中可以设定文件类型。在"背景"选项中，用户可以设定新建文件的背景颜色，依次为白色、背景色、透明。

2. 打开文件

（1）打开已存在的文件

如果需要打开一个已经存在的图片，可以选择"文件"菜单中的"打开"选项，或使用组合快捷键【Ctrl +O】，此时会弹出"打开"对话框，如图 4-11 所示。

图 4-11　"打开"对话框

在"打开"对话框中选择所需文件，或者直接在"文件名"文本框中输入要打开文件的文件名，然后单击【打开】按钮即可。如果想指定打开文件的格式，可以在"文件类型"下拉列表中选择需要的文件格式，以选择某种特定格式的文件，当选取了"所有格式"选项时，则可以显示在该目录下的所有格式的文件。当用户选中某个文件后，在对话框的下方会显示出图像的预览和文件的大小，可以通过单击此文件的左侧图标来打开相关的文件。在 Photoshop CS 主界面空白处双击，也会弹出"打开"对话框。

（2）打开特定格式的文件

选择"文件"菜单中的"打开为"选项，或按组合快捷键【Ctrl+Alt+O】，弹出的对话框与"打开"对话框十分相似，只是少了一个收藏夹图标。在其中指定想要的格式，并从中选择需要打开的文件名，然后单击【打开】按钮即可。

（3）打开最近使用过的文件

选择"文件"菜单中的"最近打开文件"选项，可以弹出最近打开过的文件列表，单击需要的文件名即可打开该文件，如图 4-12 所示。

图 4-12　最近打开文件

3. 保存文件

选择"文件"菜单中的"存储"选项，或使用组合快捷【Ctrl+S】可将编辑过的文件存储到计算机中。如果是第一次保存会弹"存储为"对话框，如图 4-13 所示，选择存储路径和输入文件名后按【保存】按钮即可。非第一次存储文件会以原路径、原文件名、原文件格式存入计算机中并覆盖原始的文件。初学者在使用存储命令时应特别小心，否则有可能会丢失文件。

图 4-13　"存储为"对话框

选择"文件"菜单中的"存储为"选项，或使用组合快捷键【Ctrl+Shift+S】可将修改过的文件重新命名、改变路径、改换模式后再保存，这样不会覆盖原来的文件。

4. 关闭文件

选择"文件"菜单中的"关闭"选项，或单击图像右上方的【关闭】按钮可将文件关闭。如果文件被编辑过且没有保存，将会弹出关闭确定对话框，询问用户是否保存编辑过的内容，用户可根据需要选择。

5. 恢复文件

文件在操作过程中，如果希望回到前一次的存储状态，可以选择"文件"菜单中的"恢复"选项，文件可恢复到前一次存储的状态。

4.3.2　更改图像尺寸

1. 更改图像大小

选择"图像"菜单中的"图像大小"选项，弹出如图 4-14 所示的对话框。

该对话框上方的"像素大小"区显示了图像的宽度和高度，它决定了图像显示的尺寸，中间的"文档大小"区显示了图像的打印尺寸和打印分辨率。

（1）若选中"约束比例"复选框，用户在改变图像的

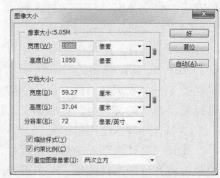

图 4-14　"图像大小"对话框

宽度和高度时，将自动按比例调整其宽度和高度，以使图像的宽和高比例保持不变。

（2）若选定"重定图像像素"复选框，则用户在改变打印分辨率时，将自动改变图像的像素数，而不改变图像的打印尺寸；若不改变图像的像素数，则系统自动改变图像的打印尺寸；同样，若改变图像的打印尺寸，系统将自动改变该图像的像素数。同时，用户还可以通过重定图像像素复选框后面的下拉列表选择插值方法。

2．更改画布大小

如果需要在不改变图像的分辨率的情况下，对图像进行裁剪或增加空白区，就可以通过"图像"菜单中的"画布大小"选项，打开图 4-15 所示的对话框。

在"新大小"区域中输入想要的宽度和高度，如果输入尺寸小于原来图像的尺寸，就会在图像四周裁剪图像。反之就会增加空白区。在"定位"栏中可以选择进行操作的中心点，默认以图像中心裁剪或增加空白区。

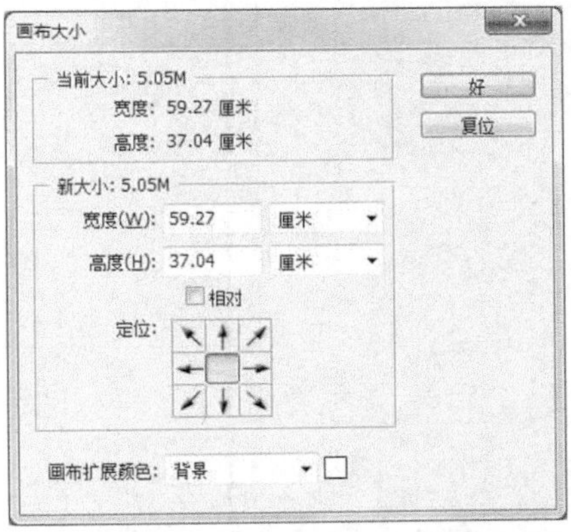

4.3.3 使用标尺

图 4-15 "画布大小"对话框

1．显示/隐藏标尺

标尺是 Photoshop 提供的一种功能，利用图像的标尺功能，用户可以方便地观察 X、Y 的坐标变化，以确定图像的选取位置、大小等。

选择"视图"菜单中的"标尺"选项（或按组合快捷键【Ctrl+R】），Photoshop 窗口的左边与上边就会出现标尺，如图 4-16 所示，再次选择此命令或按快捷键将隐藏标尺。

图 4-16 显示标尺

显示标尺后，在图像中操作时，水平标尺和垂直标尺都会有一条虚线随着鼠标的移动而移动，以便用户精确定位。

2．显示/隐藏网格线

网格线是均匀分布的格子，用于帮助用户在图像中精确地定位，选择"视图"→"显示"→

"网格"选项可以显示网格（或按组合快捷键【Ctrl+'】），如图 4-17 所示，若要隐藏网格可以重复命令或快捷键。

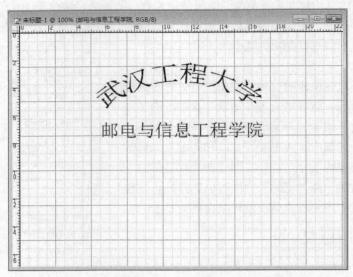

图 4-17　显示网格

3. 显示/清除参考线

用户可以自己在图像中任何位置设置水平或垂直方向的参考线，将鼠标对准水平或垂直标尺的内边缘，当光标变 形状时，拖动光标到工作区即可拖出一条参考线，如图 4-18 所示。

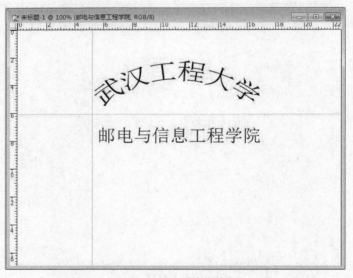

图 4-18　显示参考线

若需要清除参考线，可选中工具箱中的移动工具，在工作区中当鼠标在参考线上呈 + 状时将其拖动到工作区外即可。若需要清除所有参考线，选择"视图"→"显示"→"参考线"选项即可。重复此命令可显示/隐藏已拖出的参考线。

4.4　Photoshop 图像编辑

4.4.1　图像选区

在 Photoshop CS 中，用户要对图像的某部分进行修改，首先应该选取要编辑的区域，选取的区域由虚线框表示。选区是 Photoshop 中的一个重要概念，它被提取出来，能够进行移动、复制、描绘或者颜色调整等操作，而不会影响选区以外的部分。

1．创建规则选区

创建规则选区可使用工具箱中的选框工具，包括矩形、椭圆、1 像素行和列，下面分别介绍。

（1）创建矩形选区

单击工具箱中的【矩形选框工具】按钮，在图像上的合适位置按下鼠标左键并拖动调整至预选大小后松开鼠标左键就可创建出一个矩形选区。此时，可以利用 Photoshop CS 中的各种工具对选区进行操作。

注意：如果要在图像中创建正方形的选区，可在拖动矩形选框工具的同时按下【Shift】键，如果拖动时按住【Alt】键，将以单击点为中心向外创建一个矩形的选区；如果同时按住【Shift】键和【Alt】键，就可以单击点为中心向外创建一个正方形的选区。

选择工具箱中的矩形选框工具后，Photoshop CS 中的工具选项栏会自动更新为矩形选框工具选项栏，用户可以在选项栏中进一步调整所创建的矩形选区的属性，如图 4-19 所示。

图 4-19　矩形选框选项栏

其中，"羽化"文本框用来指定选区边界的羽化宽度；启用"消除锯齿"复选框可以去除选区边界的锯齿状边缘"样式"下拉列表框用来指定矩形选区的边缘样式。

用户在创建了第一个矩形选区之后，单击【添加到选区】按钮 后，可以进行选区的连续创建。如果创建的矩形选区有相互重叠的部分，那么将自动形成一块连续的选区，如图 4-20 所示。

图 4-20　添加选区

用户创建了第一块矩形选区之后，单击【从选区减去】按钮 🔳 后，可以进行选区的连续创建。如果创建的选区之间存在着重复的部分，那么重复的选区将从第一块矩形选区内删除，如图4-21 所示。如果两块选区之间不存在重复的部分，则创建的第二块选区无效。

图 4-21　减去选区

用户创建了第一块矩形选区之后，单击【与选区交叉】按钮 🔳 后，可以进行选区的连续创建。如果创建的选区之间存在着重复的部分，那么释放鼠标左键后可在图像窗口内仅仅出现重叠的部分。

（2）创建椭圆选区

椭圆选框工具是一种常用的选区工具，它可在图像中选择椭圆形区域。椭圆选框工具的使用方法和矩形选框工具相同。要在图像中创建圆形或椭圆形的选区，首先单击并按住工具箱中的【矩形选框工具】按钮，然后从弹出式工具栏中单击【椭圆选框工具】按钮即可。默认时该工具将创建椭圆形选区，如果想要创建标准的圆形选区，在使用此工具的同时按下【Shift】键即可。

选择【椭圆选框工具】按钮后，Photoshop CS 中的工具选项栏会自动更新为椭圆选框工具选项栏，该选项栏和矩形选框工具选项栏中的组件和设置完全相同，在此就不再介绍了。

（3）单行和单列选择工具

单行选择工具与单列选择工具的使用都比较简单。单行选择工具用来在鼠标指针单击处选择一条一个像素宽的水平线，如图 4-22（a）所示。单列选择工具用来在鼠标指针单击处选择一条一个像素宽的竖直线，如图 4-22（b）所示。

（a）

（b）

图 4-22　单行/单列选区

2．创建不规则选区

在 Photoshop 中进行图像处理时，很多时候需要选择图像中的某一部分进行处理，如选择人物头像这类不规则的区域，此时使用选框工具就很难实现，而使用套索工具或魔棒工具就方便很多。下面介绍使用这些工具选取不规则区域的方法。

（1）套索工具

图像中的物体往往具有不规则的形状，此时可使用套索工具来创建任意形状的选区。选择工具箱中的【套索工具】按钮，然后在图像上要选定区域的边缘拖动以绘制手画的选区边框，在符合自己需要时，松开鼠标左键，如图 4-23 所示。

图 4-23　使用套索工具选择对象

选择工具箱中的套索工具后，Photoshop CS 中的工具选项栏会自动更新为套索工具选项栏，如图 4-24 所示。该选项栏中的内容比较简单，其中"羽化"参数用来设置选择边界的羽化宽度，"消除锯齿"复选框用来去除选区的锯齿状边缘。

图 4-24　套索工具选项栏

注意：在使用套索工具创建选区时，选区的边缘能否与想选择的自由形状的边缘准确地结合取决于用户的熟练程度。对于新用户来说可能无法准确掌握，但熟练之后它就会成为理想的工具。

（2）多边形套索工具

多边形套索工具与套索工具使用方法类似，它主要用来创建多边形的选区，常用来选择边缘呈直线的不规则区域。在图像中沿对象边缘依次单击鼠标左键形成一个闭合回路后即可创建一个多边形选区。如图 4-25 所示。

图 4-25　使用多边形套索工具选择对象

（3）磁性套索工具

　　磁性套索工具是一种可以选择任意不规则形状的套索工具。该工具集成了套索工具的方便性和钢笔工具的精确性，而且还可以根据具体图像的不同设置选择方式。在使用磁性套索工具创建选区时，首先要在工具箱中单击【磁性套索工具】按钮，然后在所要建立选区的图形边缘单击鼠标以设置第一个点，放开鼠标并沿要选取的图形边缘拖动就可以绘制选区的边框线，完成后单击起点闭合选区，Photoshop 将自动创建一个贴紧图像的新选区，效果如图 4-26 所示。

图 4-26　使用多边形套索工具选择对象

　　当移动鼠标指针时，边框线会自动贴紧图像中对比最强烈的边缘，无论在绘制过程中怎样随意移动鼠标指针，磁性套索工具都会每隔一定距离就在选区边框上添加一个新点来固定前面的线段。如果边框没有贴紧想要的边缘，可以在绘制过程中单击鼠标左键添加一个点，如果对固定点不满意，可以按【Delete】键删除此点。

选择工具箱中的磁性套索工具后，Photoshop CS 中的工具选项栏会自动更新为磁性套索工具选项栏，如图 4-27 所示。在选项栏中可以对此工具做进一步的设置，其"羽化"参数和"消除锯齿"复选框是前两个工具都具有的公共组件，其他组件的含义介绍如下。

图 4-27　磁性套索工具选项栏

● 宽度：定义套索的宽度，宽度范围在 1~40 像素之间。宽度设定之后，在拖动鼠标指针的选择过程中将在鼠标两侧的指定范围内检测与背景反差最大的边缘。

● 边对比度：用来设置检测边缘的灵敏度，范围在 1%~100%之间。百分值越高，灵敏度也越高。

● 频率：该选项用来设置创建节点的频率，范围在 0~100 之间，频率越高，标记的节点越多。

● 钢笔压力：如果使用数字图形板代替鼠标进行选择，就可以在该框中设置数字图形板的压力大小。压力越大，检测的范围就越小。

对于不同类型的图像，磁性套索工具选项栏中各项参数的设置也不同。例如，在边缘对比度较高的图像上可以使用更大的套索宽度和更高的边缘对比度，然后粗略地跟踪边框。而当使用边缘较柔和的图像时，则应尝试使用较小的宽度和较低的边缘对比度，然后更精确地跟踪边框。使用较小的宽度值、较高的边缘对比度值可得到最精确的边框；使用较大的宽度值、较小的边缘对比度值可得到粗略的路径。只有在宽度、边对比度、频率等值设置合理的情况下才能最大限度地发挥磁性套索工具的强大功能。

（4）魔棒工具

魔棒工具名称的由来是因为它具有魔术般的奇妙作用，它的选择原理与选框工具和套索工具不同。魔棒工具是根据一定的颜色范围来创建选区的。选择魔棒工具后，在包含要创建选区的图像部分上单击，Photoshop 将自动把图像中与单击点颜色相同或相近的区域作为一个新的选区，如图 4-28 所示。

图 4-28　使用魔棒工具选择区域

单击工具箱中的【魔棒工具】按钮，Photoshop CS 中的工具选项栏会自动更新为魔棒工具选项栏，如图 4-29 所示。

图 4-29　魔棒工具选项栏

该选项栏中的内容共有 4 项，其中，"消除锯齿"复选框与选框工具中的一样，而"用于所有图层"复选框用来把所有可见层中的颜色范围都融合到当前的选区中。

"容差"是一个非常重要的参数，它用来设置颜色范围的误差值，范围为 0~255。一般而言，容差值越大，选择的范围也越大，当容差为 0 时，只选择图像中的单个像素及该像素周围与它的颜色值完全相等的若干像素。当容差值为 255 时，将选取整个图像。其实，魔棒工具是根据像素的亮度来判断的，对于灰度模式的图像，只考虑像素的一个亮度值，而对于 RGB 模式的图像，则同时考虑红、绿、蓝 3 种颜色的亮度值。

在默认状态下，"连续的"复选框处于启用状态，此时如果使用魔棒工具，在图像符合设置的颜色范围中，只有与单击区域相连的颜色范围才会被选中；如果不启用此复选框，使用魔棒工具时，整个图像中所有符合设置的颜色范围都会被选中。

3. 移动和复制选区

Photoshop CS 可以把创建的选区移动到其他位置，也可以对该选区中的图像部分进行复制、粘贴等操作，或者将当前的选区存储起来，以便在另外的图像中使用。

（1）移动选区

在图像中创建选区后，可使用键盘上的 4 个方向键每次向上、下、左、右方向把选区移动一个像素，而按下【Shift】键的同时再按下方向键可以每次移动 10 像素。此外，移动选区时还可以使用移动工具来直接进行移动。选择移动工具，用鼠标可将选区及选区中的图像移动到另一个位置，而在原始位置仅留下背景色。如图 4-30 所示。

图 4-30　移动选区

（2）复制选区

在图像中创建选区后，可选择"编辑"菜单中的"拷贝"选项对选区进行复制，在目标位置选择"编辑"菜单中的"粘贴"选项将选区内容粘贴。

（3）存储选区

如果在图像编辑过程中需要多次创建相同的选区，用户可以选择"选择"菜单中"存储选区"选项对选区进行存储。选择该选项后，将弹出"存储选区"对话框，如图 4-31 所示。

图 4-31　"存储选区"对话框

在"文档"下拉列表框中，可以选择"新建"命令，在新建的文档中将选区存储为新的 Alpha 通道，也可在当前的文档中创建 Alpha 通道。

在"通道"下拉列表框中，可以选择一个已经存在的通道，并将选区加入到这个通道中，也可以创建个新通道，并为其命名。

在"操作"选项区域中，各个选项主要用来设置新加入的选区如何影响通道中已有的内容，其中【新通道】单选按钮用于以新的选区来取代通道内原有的选区；【添加到通道】单选按钮用于在原有通道的选区中增加一部分或在通道中创建另一个选区；【从通道中减去】单选按钮用于从通道中已存在的选区中减去新加入的选区，如果选区没有重叠的部分，则通道中的选区不受影响；【与通道交叉】单选按钮用于如果加入的选区与通道原有的选区重叠，重叠部分将成为通道中的新选区，如果不重叠，通道中的选区将消失。

（4）载入选区

载入选区与存储选区正好相反，Photoshop CS 将保存在 Alpha 通道中的选区恢复到图像中。选择"选择"菜单中的"载入选区"选项，将会弹出"载入选区"对话框，如图 4-32 所示。

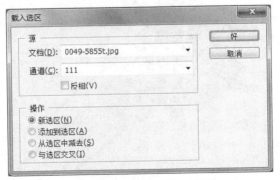

图 4-32　"载入选区"对话框

"载入选区"对话框比"存储选区"对话框多了"反相"复选框，如果勾选该选项，将先把保存在 Alpha 通道中的选区反选，然后再用反选后的选区与图像中的选区进行运算。

4. 修改选区

（1）使用功能键修改选区

在 Photoshop CS 中使用各功能键辅助创建选区时能够简化很多操作，简要介绍如下。

在单击鼠标的同时如果按住【Shift】键可以在图像上创建第二个选区，并且当两个选区有重叠区域时，重叠区域将被合并，这可以用来增补选区。

如果需要从一个选区中删去一部分而便留下的部分仍处于选定状态时，可以在已创建的选区中按住【Alt】键，同时创建第二个选区，两个选区之间的叠加部分将被删减。

按住【Shift】键并使用方向键，可每次以 10 像素为单位移动选区，只用方向键则每次以 1 像素为单位移动选区。

按住【Shift】和【Alt】键拖动鼠标时，将以拖动的起始点为中心创建选区。

按住【Ctrl】键拖动选区，可以把选区拖动到新位置。

（2）使用菜单命令修改选区

在"选择"→"修改"子菜单下包括"扩边"、"平滑"、"扩展"和"收缩" 4 个选项，它们分别用来设置选区的边框、平滑选的轮廓和锯齿、扩大和缩小选区等。

（3）羽化选区

随着选择精度的提高，选区的边缘会变得越来越不光滑，尤其对于不规则区域的选择更是如此。羽化能够通过扩散选区的轮廓来达到模糊边缘的目的。在创建选区之前，可以在选框工具或套索工具选项栏的"羽化"文本框中键入羽化值来羽化选区。要在创建选区之后进行羽化，可以选择"选择"→"羽化"选项，这时将打开"羽化选区"对话框，如图 4-33 所示，输入羽化值后确定即可。

图 4-33 "羽化选区"对话框

（4）选区变形

选择"选择"菜单中的"变换选区"选项可对选区实施自由变形。执行该命令后，选区四周将出现带有 8 个控制柄和 1 个旋转轴的矩形框，如图 4-34 所示，用户可以拖动控制柄或在鼠标指针变成双箭头的旋转光标时旋转自由变形选框。

图 4-34 选区变形

4.4.2　图像色彩与色调的调整

1. 图像色调控制

图像色调控制主要是对图像进行明暗度的调整，比如把一个显得较暗的图像变得亮一些，把一个显得较亮的图像变得暗一些，下面介绍具体的功能。

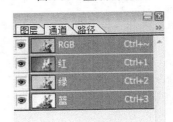

图 4-35　直方图面板

（1）查看色调分布状况

如果用户想查看整个图像或图像的某个选区的色调分布情况，可以选择"窗口"菜单中的"直方图"选项调出"直方图"面板，在该面板中可查看图像或选区的色调分布状况，如图 4-35 所示。

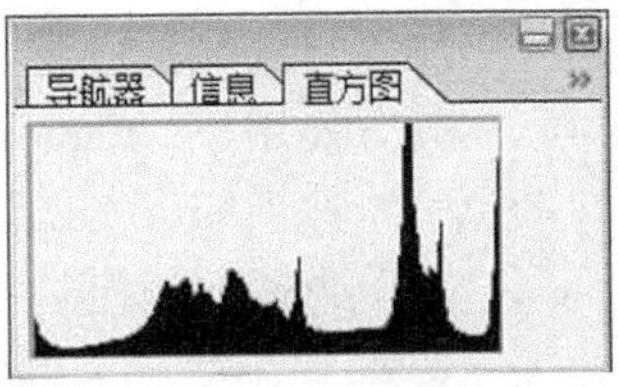

（2）控制色调的分布

可对整个图像也可对某一选区、某一图层或一个颜色通道进行调整，具体操作步骤如下。

➢ 打开一幅图像，并调出"通道"面板，如图 4-36 所示。

➢ 选择"图像"→"调整"→"色阶"选项，弹出"色阶"对话框，如图 4-37 所示。

图 4-36　通道面板

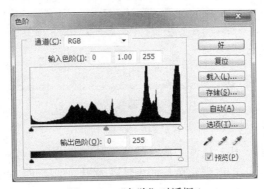

图 4-37　"色阶"对话框 1

➢ 在"色阶"对话框中的"通道"列表框中选定要进行色调调整的通道，若选中 RGB 主通道，则色阶调整对所有通道起作用；若只选 R、G、B 通道中的一个通道，则色阶命令将只对当前所选通道起作用。如打开"色阶"对话框之前已经先选中某个通道，则会弹出另外一种形式的"色阶"对话框，如图 4-38 所示。用户可在该对话框中通过设置各个选项对色调进行调整。

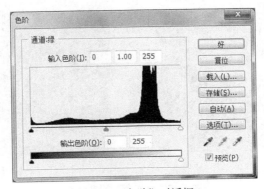

图 4-38　"色阶"对话框 2

（3）自动控制色调

为方便用户，Photoshop 提供了自动控制色调的功能。在"图像"菜单中选择"调整"→"自动色阶"选项即可实现自动控制色调，调整亮度的百分比以最近使用色阶对话框的调协为基准。

（4）色调曲线控制

选择"图像"→"调整"→"曲线"选项，打开"曲线"对话框，如图 4-39 所示。在该对话框中可以调整图像的色调和其他效果。调整对话框中的曲线线条开关就可以调整图像的亮度、对比度和色彩平衡。表格中横坐标表示原图像的色调，纵坐标表示新图像的色调，变化范围都是 0~255。

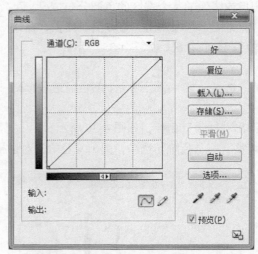

图 4-39　"曲线"对话框

2. 常用色彩调整命令

常用的色彩调整命令有反相、色调均化、阈值、色调分离和去色命令等，它们都可以改变图像中的颜色和亮度值，通常用于增强颜色与产生特殊效果，下面将对这些命令分别介绍。

（1）反相

图像中每个像素都有一个亮度值，范围在 0~255 之间。执行反相命令后，图像中所有像素的亮度值都会转换为 256 级颜色刻度上相反的值。例如，值为 5 的像素会变为 250，值为 250 的像素会变为 5。反相命令的使用方法很简单，选择"图像"→"调整"→"反相"选项，即可对图像进行反相调整。如图 4-40 所示，其中图（a）为原图像，图（b）为反相后的图像。

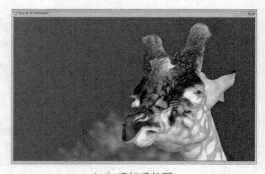

（a）原图　　　　　　　　　　　　　　　（b）反相后的图

图 4-40　反相命令效果对比

（2）色调均化

色调均化命令能够重新调整图像中像素的亮度值，以使它们更均匀地呈现所有亮度级范围，使用该命令时，Photoshop 会查找图像中最亮和最暗值，并使最暗值表示黑色，最亮值表示白色。然后，Photoshop 将对亮度进行色调均化，也就是在整个灰度中均匀分布中间像素。当扫描的图像显得比原稿暗，要平衡这些值以产生较亮的图像时，可以使用此命令，它能够清楚地显示亮度调整的前后比较结果。要对图像应用色调均化效果，可以选择"图像"→"调整"→"色调均化"选项，这时，Photoshop 将自动对原图像中的像素亮度值进行调整，图 4-41（a）所示为原图像，图 4-41（b）为应用了色调均化后的图像。

（a）原图　　　　　　　　　　　　　　　（b）色调均化后的图

图 4-41　色调均化命令效果对比

（3）阈值

使用阈值命令可以将一个灰度或彩色图像转换为高对比度的黑白图像。此命令能够将一定的色阶指定为阈值，所有比该阈值亮的像素都会被转换为白色，所有比该阈值暗的像素都会被转换为黑色。

选择"图像"→"调整"→"阈值"选项可打开"阈值"对话框，设置好阈值后单击【好】按钮即可。图 4-42（a）所示为原图像，图 4-42（b）所示为设置阈值为 120 时的图像。

（a）原图　　　　　　　　　　　　　　　（b）设置阈值后的图

图 4-42　阈值命令效果对比

（4）色调分离

通过色调分离命令能够指定图像中每个通道的色调级（或亮度值）的数目，并将这些像素映射为最接近的匹配色调。例如，在 RGB 图像中选择两个色调可以产生 6 种颜色：两个红色、两个绿色和两个蓝色。在照片中制作特殊效果，如制作大的单色调区时，此命令非常有用。在减少灰度图像中的灰色色阶数时，它的效果最为明显。而且它也可以在彩色图像中产生一些特殊效果。

选择"图像"→"调整"→"色调分离"选项可打开"色调分离"对话框，在该对话框中设置色阶值后单击【好】按钮即可。图 4-43（a）所示为原图像，图 4-43（b）所示为设置色阶为 5 时的图像。

（a）原图

（b）色调分离后的图

图 4-43　色调分离命令效果对比

（5）去色

使用去色命令可以去掉彩色图像中的所有颜色值，将其转换为相同色彩模式的灰度图像。选择"图像"→"调整"→"去色"选项，系统会自动地将彩色图像转换为灰度图像。

3. 图像色彩控制

图像色彩的控制包括改变图像的色相、饱和度、亮度和对比度。通过对图像色彩的控制，可以创作出多种色彩效果的图像，熟练地掌握了图像色彩控制的命令，就可以设计出较高水平的图像效果。

（1）控制色彩平衡

选择"图像"→"调整"→"色彩平衡"选项，弹出"色彩平衡"对话框，如图 4-44 所示，利用该对话框就可以控制色彩平衡。通过调整滑杆或者在文本框中输入数值就可以控制 CMY 三原色到 RGB 三原色之间对应的色彩变化。默认状态时滑块处于滑杆的正中间，颜色值均为 0，此时图像的色彩不发生变化，当调整滑块向左端时，图像的颜色接近 CMYK 的颜色；当调整滑块向右端时，图像的颜色接近 RGB 的颜色，滑块的变化范围都是在-100~100

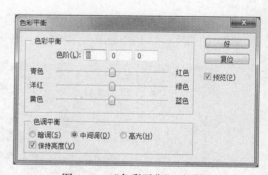
图 4-44　"色彩平衡"对话框

之间。"色调平衡"区域中的【暗调】【中间调】【高光】分别调节暗色调的像素、中间色调的像素、亮色调的像素。选中"保持亮度"复选框后可在进行色彩平衡调整时维持图像的整体亮度不变。

（2）控制亮度和对比度

选择"图像"→"调整"→"亮度/对比度"选项，弹出

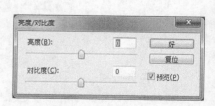
图 4-45　"亮度/对比度"对话框

"亮度/对比度"对话框，如图 4-45 所示，利用该对话框就可以控制亮度/对比度，设置好参数值后单击【好】按钮即可。

（3）控制色相和饱和度

选择"图像"→"调整"→"色相/饱和度"选项，弹出"色相/饱和度"对话框，如图 4-46 所示，利用该对话框就可以控制色相/饱和度，设置好参数值后单击【好】按钮即可。

图 4-46　"色相/饱和度"对话框

（4）替换颜色

选择"图像"→"调整"→"替换颜色"选项，弹出"替换颜色"对话框，如图 4-47 所示，利用该对话框可以调整图像的色相、饱和度和明度，设置好参数值后单击【好】按钮即可。

（5）选定颜色

选择"图像"→"调整"→"可选颜色"选项，弹出"可选颜色"对话框，如图 4-48 所示，利用该对话框可以调整选定颜色的 C、M、Y、K 的比例，以达到修正颜色色偏的目的，设置好参数值后单击【好】按钮即可。

 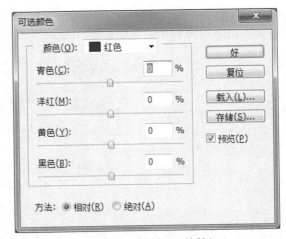

图 4-47　"替换颜色"对话框　　　　图 4-48　"可选颜色"对话框

（6）通道混合器

选择"图像"→"调整"→"通道混合器"选项，弹出"通道混合器"对话框，如图 4-49 所示，利用该对话框可以指定改变某一通道中的颜色，并混合到主通道中产生一种图像合成的效果，设置好参数值后单击【好】按钮即可。

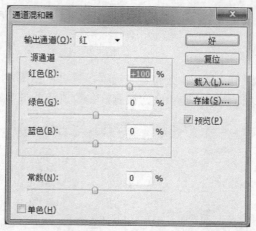

图 4-49   "通道混合器"对话框

4.4.3   图层、通道和蒙板

图层、通道和蒙板是 Photoshop 中图像处理的高级功能，图层是 Photoshop 中用于图像合成的强大工具，它对于编辑图像、控制图像颜色，制作特技效果非常有用。通道可以对图像的颜色信息进行分色记载，以便对图像的颜色进行调整，以及分色存储图像等，蒙板的作用是在图像的编辑中对某些区域进行保护，从而对图像进行灵活的控制。

1. 图层的应用

Photoshop 中的图层是编辑图像的有利工具，它使得制作各种效果的图像都成为可能。借助于图层可以将要编辑的多个图像放在不同的图层上，待每个图像编辑修改满意后，再将它们合成在一起制作一幅优美的图像。下面详细介绍图层的使用。

（1）图层面板

图层面板如图 4-50 所示，它用来显示图层的状态，参数如下。

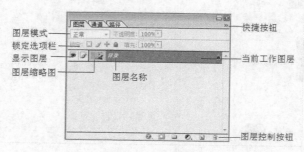

图 4-50   图层面板

- 图层模式：用来设置图层的色彩混合模式和不透明度。
- 锁定选项栏：设置锁定的部分。
- 显示图层：图像上当前显示的图层。
- 当前工作图层：当前的工作图层，用蓝色背景显示。
- 层链接：表示该层与当前工作层链接在一起，该图层可以与当前工作层一起移动。
- 图层缩略图：显示该图层上的图像。

- 图层名称：本图层的名称。
- 快捷按钮：用来打开图层快捷菜单。
- 文字层：专门用来在图像中添加和编辑文本内容的图层，标志为"T"。
- 普通图层：最常用的图层，用来绘制图形、编辑图像，它是透明的图层。
- 背景层：图像的最底层，它是不透明的。背景层通常在新建图像时建立。
- 图层控制按钮：包括【添加图层样式】按钮、【添加蒙板】按钮、【创建新组】按钮、【创建新的填充或调整图层】按钮、【创建新图层】按钮以及【删除图层】按钮。单击某个控制按钮，可执行相应的操作。

（2）创建图层

用户可以选择"图层"菜单中的"新建"→"图层"选项创建新图层，选择该命令后，打开图 4-51 所示的对话框，在该对话框中设置各个选项后单击【好】按钮即可。用户还可以直接单击图层面板上的【创建新的图层】按钮 ，这时在图层面板上会创建一个名称为"图层1"的新图层。

图 4-51　"新图层"对话框

（3）转换图层

Photoshop 中的图层包括普通图层、文字图层和背景图层，可根据需要在图层间转换。

要将文字层转换为普通图层，在图层面板中的文字图层上右击鼠标，在弹出的快捷菜单中选择"栅格化图层"命令，文字图层即转换为普通图层。文字层一旦转换为普通图层后，就不能恢复。但原文字层中的文字可以像在普通图层上绘制的图形一样用橡皮擦进行擦除等操作。

要将背景图层转换为普通图层，在图层面板中的背景图层上双击，打开如图 4-52 所示的对话框，在该对话框中进行设置后，单击【好】按钮即可将背景图层转换为普通图层。

图 4-52　背景图层转为普通图层

在没有背景图层的图像上可以将普通图层、文字图层转换为背景图层。选中要转换的图层，然后在菜单栏选择"图层"→"新建"→"图层背景"选项即可。

（4）更改图层的叠放次序

图层中的图像是按照在图层面板上的上下顺序进行叠放的，如果要改变图层图像的叠放顺序，可以直接在图层面板上移动图层的位置，方法是：在图层面板上选中要移动的图层并拖动到目的位置。

（5）复制图层

选中要复制的图层，在该图层上单击鼠标右键，在弹出的快捷菜单中选择"复制图层"命令，打开"复制图层"对话框，如图 4-53 所示。在该对话框中输入复制图层的名称并选择要复制的目的图像后单击【好】按钮完成图层复制。

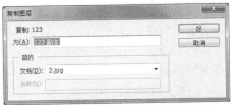

图 4-53　"复制图层"对话框

（6）删除图层

对于不需要的图层，可以将其删除，操作方法是：选中要删除的图层后，在菜单栏中选择"图层"→"删除"→"图层"选项，并在弹出的提示框中确认；或者在图层面板中将要删除的图层拖到【删除】按钮  上。

（7）链接图层

在编辑图像时，如需将几个图层的图像一同移动，可以将这些图层链接起来，操作方法是选中要建立链接的图层，然后在要建立链接的其他图层中分别单击链接区，使这些图层的链接区出现链接标记 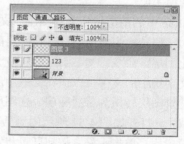 ，如图 4-54 所示。

图 4-54　链接图层

（8）合并图层

当完成图像的编辑操作后，就可以将各图层合并生成一幅图像，以便减少图像的文件大小。在 Photoshop 中可以合并当前图像中的所有图层，也可以选择性地合并某些图层。

● 如果要有选择地合并某些图层，就要将需合并的图层设置为可见层（图层前出现眼睛标记，然后选择菜单栏中的"图层"→"合并可见图层"选项。

● 如果要将当前图层与下一个图层合并，选择菜单栏中的"图层"→"向下合并"选项。

● 如果要合并当前图像中的所有图层，选择菜单栏中的"图层"→"拼合图层"选项。

合并图层前后的图层面板如图 4-55 所示。

（a）合并前　　　　　　　　　　　　（b）合并链接图层后

图 4-55　合并图层

（9）图层样式设置

对图层上的图像还可以设置其样式为混合方式以制作特殊效果的图像。

方法一：选择菜单栏中的"图层"→"图层样式"选项，在弹出的子菜单中选择相应的选项，然后在打开的对话框中进行设置。

方法二：在图层面板上双击要设置的图层，打开"图层样式"对话框。对话框左侧的样式栏供用户选择要设置的样式，右侧用来设置所选样式的效果。例如，要设置投影样式，选中"投影"样式，这时，在对话框右边会显示所选项的设置区，如图 4-56 所示，设置好后确定即可。

（10）创建填充图层

为了制作特殊效果的图像，可创建一个填充图层。选择菜单栏中的"图层"→"新填充图层"选项，在弹出的子菜单中选择所需的选项后，会打开"新图层"对话框，设置新图层的名称，从"颜色"下拉列

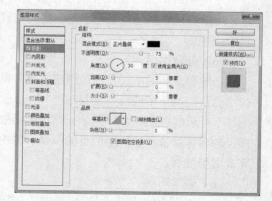

图 4-56　"图层样式"对话框

表中选择要填充的颜色，并设置色彩混合模式及不透明度后确定。

（11）调整图层

选择菜单栏中的"图层"→"新调整图层"选项，在弹出的子菜单中选择要设置的选项，打开"新图层"对话框，设置其中的参数后，单击【好】按钮后在弹出的相应对话框中进行设置即可。

2. 通道的应用

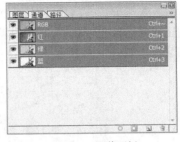

图 4-57　通道面板

通道主要用于保存颜色数据，例如一个彩色图像包括了RGB、R、G、B 4 个通道，在对通道进行操作时，可分别对各原色通道分别进行明暗度、对比度的调整，制作特殊的图像效果。

（1）通道面板

利用通道控制面板，用户可以完成创建通道、删除通道、合并通道以及拆分通道等操作。图 4-57 显示了一幅 RGB 彩色图像的通道控制面板，下面介绍其中各元素的意义。

● 通道名称、预览缩图、眼睛图标和当前通道的意义和图层面板中的相应项的意义完全相同，和图层面板不同的是，每个通道都有一个对应的快捷键，这使得用户可以不必打开通道面板即可选中通道。

● 【将通道作为选区载入】按钮 ○ ：如果希望将通道中的图像内容转换为选区，可在选中该通道后单击该按钮。

● 【将选区存储为通道】按钮 □ ：单击此按钮可将当前图像中的选区转变为一个蒙板，并保存到一个新增的 Alpha 通道中。

● 【创建新通道】按钮 ⊐ ：创建新通道。最多可创建 24 个通道。

● 【删除通道】按钮 🗑 ：删除当前通道，但不能删除 RGB 主通道。

（2）创建通道

要创建新通道，可在通道面板的快捷菜单中选"新通道"命令。此时系统将打开"新通道"对话框，如图 4-58 所示。用户可设置通道名称、通道颜色和不透明度等。

图 4-58　"新通道"对话框

（3）复制通道

选中通道，然后选择通道面板快捷菜单中"复制通道"命令，此时系统将打开"复制通道"对话框，如图 4-59 所示，用户先设置通道名称，指定要复制的文件以及是否将通道内容取反，设置好后确定即可。

图 4-59　"复制通道"对话框

（4）删除通道

选中通道，然后选择通道面板快捷菜单中"删除通道"命令。

（5）分离和合并通道。选择通道面板快捷菜单中的"分离通道"命令，用户可以将一个图像文件中的各通道分离出来，各自成为一个单独文件。在执行该命令前，必须先将图像中的所有图层合并，否则该命令不能使用。分离后的通道在编辑和修改后，可以通过通道面板快捷菜单中的"合并通道"命令将通道合并。

3. 蒙板的应用

蒙板有 3 种形式：快速蒙板、通道蒙板和图层蒙板，下面分别介绍这几种蒙板的用法。

（1）快速蒙板

快速蒙板模式是用于创建和查看图像的临时蒙板，可以不使用通道面板而将任何选区作为蒙板来编辑。把选区作为蒙板的好处是可以运用 Photoshop 中的任何工具或滤镜对蒙板进行调整，如用选择工具在图像中创建了一个选区后，进入快速蒙板模式，这时可以用画笔来扩大（选择白色为前景色）或是缩小选区（选择黑色为前景色），也可以用滤镜中的命令来编辑选区，并且这时仍可运用选择工具进行其他操作。

快速蒙板的创建过程比较简单，首先在图像中创建任意选区（图 4-60 所示为用椭圆选框工具建立的选区），然后再在工具箱中单击【以快速蒙板模式编辑】按钮，为当前选区创建一个快速蒙板，如图 4-60 所示。

图 4-60　快速蒙板

可以看到，原来选区外的部分被某种颜色覆盖并保护起来（在默认的情况下是不透明度为 50% 的红色），而选区内的部分仍保持原来的颜色。这时可以像前面所说的那样，对蒙板进行扩大或缩小等各种操作。这时在通道面板的最下方将出现一个"快速蒙板"通道，如图 4-61 所示。

操作完毕后，单击工具箱中的【以普通模式编辑】按钮，可以将图像中未被该快速蒙板保护的区域转化为选区。

（2）通道蒙板

通道蒙板与快速蒙板的作用类似，不过在一幅图像中只允许存在一个快速蒙板，可以同时存在多个通道蒙板，分别存放不同

图 4-61　通道面板

的选区。在 Photoshop 中，可以用以下几种方法来创建通道蒙板。

方法一：单击通道面板右上方的下拉箭头，在弹出的菜单中选择"新通道"命令，将会弹出"新通道"对话框。

方法二：单击通道面板下方的【创建新通道】按钮，将为当前图像添加一个全白的通道蒙板。

方法三：在图像中创建一个选区，然后单击通道面板下方的【将选区存储为通道】按钮，在通道面板中将该选区保存为通道蒙板，蒙板中颜色的覆盖区域与使用快速蒙板相同。

方法四：在图像中创建一个选区，然后在菜单栏中选择"选择"→"存储选区"选项，弹出

"存储选区"对话框，如图 4-62 所示，设置好各选项后确定。

（3）图层蒙板

图 4-62　"存储选区"对话框

图层蒙板是一个附加在创建它的图层之上的灰色图像，其中白色（即透明）区域的图像相对原来图层中的内容是可编辑的。而对于其中的黑色不透明区域，对应原来图层中的图像是不可编辑的。图层蒙板可以对图层中已编辑好的部分起到保护作用，以免被误操作所破坏，当修改完毕后，可删除该图层蒙板，再现图像中被覆盖的部分。

注意：图层蒙板与前面所说的快速蒙板、通道蒙板不同，图层蒙板只对创建它的那一层起作用，而对于图像中的其他层该蒙板不可见，不起任何作用创建图层蒙板。先选中要创建图层蒙板的图层，在其中用选择工具选出要编辑的选区，然后单击图层面板下方的【添加图层蒙板】按钮，将在该图层上创建一个图层蒙板，如图 4-63 所示，其中只有选区中的部分是可见的，而选区外的部分被蒙板遮盖。

如果想删除图层蒙板，可以在图层面板上将该图层蒙板缩略图直接拖到面板上的垃圾箱中，此时将弹出提示框，其中有 3 个选项：单击【应用】按钮将在删除该蒙板的同时保留蒙板效果；单击【不应用】按钮将直接删除该图层蒙板；而单击【取消】按钮则放弃此项操作。

图 4-63　图层蒙板

4.4.4　文字和路径

在图像处理中，文字也是不可忽视的部分，在作品中恰当地运用文字，可以使图像准确明了地表达作者的意图。路径是 Photoshop 处理图像非常得力的助手，使用路径可以进行复杂的图像选取和存储选择区域，以备再次使用和绘制优美平滑的图像等。

1. 文字工具

在 Photoshop CS 中，可以使用横排文字工具和直排文字工具直接输入文本，使用这两个工具建立文本时会自动建立一个文字图层放置当前文本。使用横排文字蒙板工具和直排文字蒙板工具可以建立文字形状的选区。单击工具箱中的【横排文字工具】按钮弹出的文字工具组如图 4-64 所示。

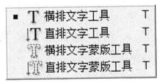

图 4-64　文字工具组

（1）横排文字工具和直排文字工具

横排文字工具和直排文字工具可以分别在水平方向和垂直方向上创建普通文本，并且在输入文本的同时自动新建一个文本图层。横排文字工具和直排文字工具使用方法类似，下面以横排文字工具为例介绍输入文字的步骤。

➢ 单击【横排文字工具】按钮，然后移动光标到页面上单击，等光标出现输入状态时输入文字。

➢ 输入完文本后，若想对输入的文本进行修改，需要用文字工具把要修改的文本选中。

➢ 在选项栏中更改各项设置，就可以对文字进行编辑，如图 4-65 所示。

图 4-65　横排文字工具选项栏

➤ 修改完文本后，在选项栏上单击【提交所有当前编辑】按钮✓，即可完成对文本的修改。

（2）横排文字蒙板工具和直排文字蒙板工具

横排文字蒙板工具和直排文字蒙板工具可以分别在水平和垂直方向上创建文本的选区。右键单击【横排文字工具】按钮，弹出文字工具组，从中选择【横排文字蒙板工具】。下面以横排文字蒙板工具为例介绍该工具的用法。

➤ 选择工具箱中的【横排文字蒙版工具】，然后移动光标到页面上单击，等光标变为输入状态时输入文字。

➤ 确认输入的文字，在选项栏上单击【提交所有当前编辑】按钮，即可创建文字的选区，如图 4-66 所示。

图 4-66　创建文字选区

➤ 选择菜单栏中的"编辑"→"描边"选项，弹出"描边"对话框，设置参数如图 4-67 所示。

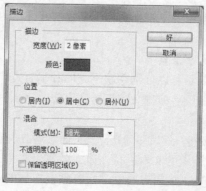

图 4-67　"描边"对话框

➤ 单击【好】按钮，效果如图 4-68 所示。

图 4-68　文字描边效果

2. 路径简介

为了更好地掌握路径的作用，需要详细了解路径的各个组成部分。路径的各个组成部分如图 4-69 所示，下面分别进行介绍。

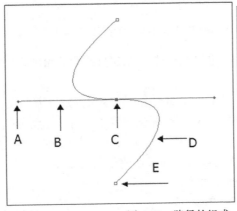

A：方向点
B：方向线
C：选中的锚点
D：曲线段
E：未选中的锚点

图 4-69　路径的组成

- 曲线段：曲线段是路径的一部分，路径是由直线和曲线组成的。
- 方向线：方向线的角度和长度固定了其同侧路径的弧度和长度。
- 方向点：通过拖动方向点，改变方向线的角度和长度。
- 锚点：路径由一个或多个直线段或曲线段组成，锚点是这些线段的端点。被选中的曲线段的锚点会显示方向线和方向点。
- 平滑点：平滑曲线路径由称为平滑点的锚点连接。
- 角点：锐化曲线路径由称为角点的锚点连接。

3. 创建路径

创建路径主要通过钢笔工具和形状工具来实现，通过这两组工具，可以创建出所有的路径和图形。

（1）用钢笔工具绘制直线段

直线段是钢笔工具绘制的最简单的线段，其操作步骤如下。

> 单击工具箱中的【钢笔工具】按钮，鼠标的箭头将变成钢笔形状，移动钢笔指针到图像中单击，定义一个锚点。

> 移动鼠标到下一点再单击，即可创建直线段。

> 如果继续移动鼠标单击，将创建连续的直线段，但最后一个锚点总是以实心方形显示，表示处于选中状态，没选中的锚点将以空心方形显示。

> 使用钢笔工具创建直线段效果如图 4-70 所示。

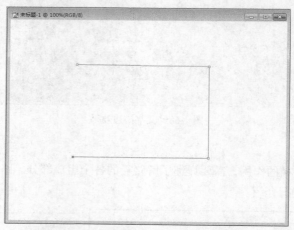

图 4-70　使用钢笔工具创建直线段

注意：在移动鼠标的过程中，如果按住【Shift】键，创建直线段的角度将限制为 45 度的倍数。

（2）用钢笔工具绘制曲线

绘制曲线的方法同绘制直线类似，只不过需要点击并拖动鼠标建立方向线。其操作步骤如下。

> 单击工具箱中的【钢笔工具】按钮，移动鼠标到图像中单击并拖动鼠标，定义起始锚点和方向线。

> 移动鼠标到下一个位置单击并拖动鼠标，即可创建出曲线路径。

> 继续单击并拖动鼠标，可继续创建曲线。

使用钢笔工具创建曲线段效果如图 4-71 所示。

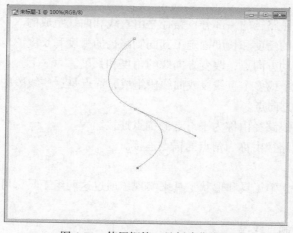

图 4-71　使用钢笔工具创建曲线段

注意：如果在拖动鼠标过程中按住【Alt】键，将仅改变一侧方向线的角度。

（3）用自由钢笔工具绘图

自由钢笔可用来随意地绘图，就像生活中的钢笔一样，在绘图时，将自动添加锚点，无需确定锚点的位置，完成路径后可进一步对锚点进行调整。其操作步骤如下。

➤ 单击工具箱中的【自由钢笔工具】按钮 🖊 。

➤ 在图像中按住鼠标左键不动拖动鼠标，即可创建出自由的工作路径。

➤ 如果在已有的工作路径上继续绘制，移动鼠标到路径的一个端点上，等鼠标指针变为 🖎 形状时，拖动鼠标即可。

➤ 若想创建一个闭合路径，移动鼠标到路径的起点处，等指针变为 🖎 形状时释放鼠标即可。

（4）使用形状工具创建路径

形状工具创建的路径都是闭合路径，使用形状工具可以创建出规则的封闭图形和一些预设的封闭图形。

4．编辑路径

在设计制作的过程中，直接创建出来的路径往往不符合需求，经常需要对路径进行修改和微调，比如要调整路径的形状和位置，复制和删除路径等。以下将对如何修改路径做详细介绍。

（1）选择路径和锚点

选择路径和锚点主要通过路径选择工具和直接选择工具来实现。

使用路径选择工具选择路径，将选中整个路径和所有锚点，此时路径上的锚点将以实心方形显示，如图 4-72 所示。

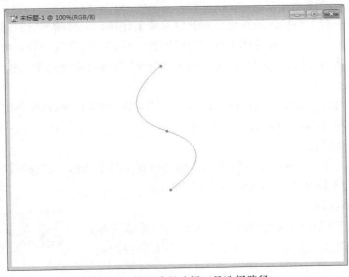

图 4-72　使用路径选择工具选择路径

若拖动鼠标移动路径，整个路径将跟着一起移动，选择路径的步骤如下。

➤ 单击工具箱中的【路径选择工具】按钮 ▶ 。

➤ 将鼠标指向路径单击，或在封闭图形内单击，都可以将路径和锚点全部选中。

直接选择工具不但可以选择整个路径，而且还可以选中部分路径和锚点，比"路径选择工具"更加灵活。其操作步骤如下。

➤ 单击工具箱中的【直接选择工具】按钮 ⚘ 。

➤ 移动鼠标到锚点上单击，锚点变成实心方形即表示选中了该锚点。

➤ 移动鼠标到路径外，按住鼠标左键拉出一个选框，可选中部分路径和锚点。

➤ 按住【Alt】键移动鼠标到路径上，等指针变成 ▸ 形状时，单击并拖动鼠标，可以复制该路径，如图 4-73 所示。

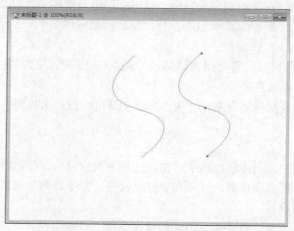

图 4-73　复制路径

注意：按住【Shift】键可以选多个锚点，按住【Ctrl】键可以在两个工具间切换。

（2）移动和删除路径

移动和删除路径对于路径的调整也起着非常重要的作用，但移动和删除路径都只能在选择路径的基础上才能完成。通过路径选择工具和直接选择工具选中整个或部分路径后，按住鼠标左键不放移动鼠标即可移动路径。选中路径后，按【Delete】键即可删除选中路径。

（3）复制路径

选中要复制的路径，在菜单栏选择"编辑"→"拷贝"选项，在目标图层选择菜单中的"编辑"→"粘贴"选即可以完成路径的复制操作。

（4）对齐和分布路径

选中两个以上的路径，单击工具箱中的【路径选择工具】按钮，在选项栏中选择【对齐】或【分布】按钮即可按不同的方式将选中的路径对齐。

5. 路径面板的使用

路径面板的主要操作包括把路径和选区对换以及填充和描边路径。在菜单栏选择"窗口"→"路径"选项打开路径面板，如图 4-74 所示。

图 4-74　路径面板

（1）调整缩略图大小

为了更好地观察不同路径上的内容，需要调整缩略图的大小，使缩略图更加清晰。操作步骤如下。

➤ 单击路径面板右上角的快捷菜单按钮，在弹出的下拉列表框中选择"调板选项"。

➤ 在弹出的"路径调板选项"对话框中选择一种目标选框，单击【好】按钮即可。

（2）新建和删除路径图层

在路径面板中可以对图层进行创建和删除等操作。如果要创建新的路径图层，单击路径面板中的【创建新路径】按钮 🔲 ，即可创建一个新的路径图层，如图 4-75 所示。如果要删除路径图层，单击该图层，并将其拖动到【删除当前路径】按钮 🗑 处即可。

（3）隐藏和显示路径

隐藏和显示路径可以使路径在图像中隐藏或显示。当创建一个路径后，该路径将出现在图像中，这样在编辑其他内容时会很不方便，所以就可以在编辑其他图层时，将路径图层隐藏起来。如果需要隐藏路径，单击路径面板的空白处，即可隐藏路径。如果需要显示隐藏的路径，单击要显示的路径的图层即可。

图 4-75　新建路径图层

（4）将路径转换为选区

在路径面板中选择需要转换的路径图层，单击路径面板底部的【将路径转换为选区载入】按钮 ⭕ ，即可将路径转换为选区，如图 4-76 所示。

（5）将选区转换为路径

在图像中创建选区，单击路径面板底部的【从选区生成工作路径】按钮，即可将选区转换为路径。

（6）填充路径

在封闭的路径中可以填充指定的颜色、图

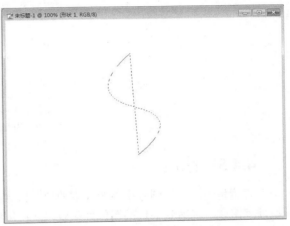

图 4-76　将路径转换为选区

像状态和图案等，使用填充功能可以直接进行绘图。在图像中绘制一个封闭的路径，如图 4-77 所示。单击路径面板右上角的快捷菜单按钮，在弹出的菜单中选择"填充路径"命令，将弹出"填充路径"对话框，在该对话框中选择"前景色"选项后单击【好】按钮即可完成填充，效果如图 4-78 所示。

图 4-77　封闭的路径

图 4-78　填充路径后的效果

（7）描边路径

在图像中绘制一个封闭或非封闭的路径，如图 4-77 所示。单击路径面板右上角的快捷菜单按钮，在弹出的菜单中选择"描边路径"命令，将弹出"描边路径"对话框，在该对话框中选择"图案图章"选项，单击【好】按钮后可沿着路径进行描边，效果如图 4-79 所示。

图 4-79　描边路径后的效果

4.4.5　滤镜

滤镜是通过分析图像中各个像素的值，根据滤镜中各种不同的功能要求，调用不同的运算模块处理图像，以达到最佳的图像处理效果。使用滤镜功能执行一个简单命令就可以产生复杂的特殊效果，在图像编辑过程中能起到画龙点睛的作用。

菜单栏中的"滤镜"菜单包含所有滤镜，滤镜既可以应用于图像的选择区域，也可以应用于整个图像。Photoshop 中的滤镜从功能上大致分为矫正性滤镜和破坏性滤镜两种。矫正性滤镜包括模糊、锐化、视频、杂色和其他选项，它们对图像处理往往是调试对比度和色彩等宏观效果，这种改变有一些是很难分辨出来的，除这几种滤镜外，其他的都属于破坏性滤镜，破坏性滤镜对图像的改变很明显，主要用来构造特殊的艺术图像效果。滤镜的执行效果以像素为单位，所以滤镜的处理效果与分辨率有关。在同一幅图像中，如果分辨率不同，处理后的效果也就不同。

滤镜种类非常多，这里介绍一部分常用滤镜，用户可以对其他滤镜进行尝试，达到熟练掌握使用方法的目的。

（1）使用滤镜的基本原则

Photoshop 提供了近百个滤镜，每个滤镜部有其自身的特点。但应用滤镜的过程大多相似，使用滤镜时，都需要进行如下几个步骤。

➢ 选择需要加入滤镜效果的图层或创建选区。

➢ 在"滤镜"菜单中，选择需要使用的滤镜命令，弹出相应的设置对话框。

➢ 在该滤镜对话框中设置有关参数的值，设置数值有两种方法：一种是使用滑块，另一种是直接输入数值，输入数值可以得到更加精确的设置。

➢ 预览图像效果。大多数滤镜对话框中都设置了预览图像效果的功能。在预览框中可以直接看到图像处理后的效果，一般默认预览图像的大小为 100%，也可以利用图像下面的【+】【-】符号，对预览图像的大小进行调节。当需要在图像的预览框中预览图像的其他位置时，可以将鼠标放在图像要预览处拖曳出范围。

➢ 设置好后确定即可。

（2）艺术滤镜

艺术滤镜共包含 15 种滤镜，可以对图像进行各种艺术处理，这里以"海报边缘"滤镜效果为例介绍艺术滤镜的用法。"海报边缘"滤镜根据设置的海报化选项减少图像中的颜色数量，并查找图像的边缘，在边缘绘制黑色线条。选择菜单栏中的"滤镜"→"艺术"→"海报滤镜"选项，弹出图 4-80 所示的"海报边缘"对话框及效果图，设置好各项参数后确定即可。

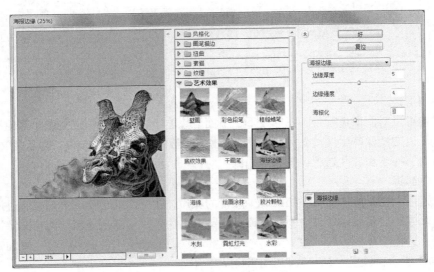

图 4-80　"海报边缘"对话框

（3）模糊滤镜

"模糊"滤镜共有 8 种滤镜，主要用于修饰边缘过于清晰或者对比度过于明显的图像或选区，使其变得更加柔和。下面以高斯模糊为例介绍模糊滤镜的用法。高斯模糊会使图像产生强烈的模糊效果，它原理上是利用高斯曲线的分布模式，对像素进行加权平均，产生用于控制模糊的峰形曲线，在曲线中添加低频率的细节并产生朦胧的效果，选择菜单栏中的"滤镜"→"模糊"→"高斯模糊"选项，弹出"高斯模糊"对话框，如图 4-81 所示，设置半径值后确定即可，观看效果，数值越大，图像越模糊。

图 4-81　"高斯模糊"对话框

（4）画笔描边滤镜

利用不同的笔触绘画产生不同的图像效果，画笔描边滤镜可以制作出各种绘画效果。下面以阴影线滤镜为例介绍该类滤镜的用法。阴影线滤镜效果就像是在粗糙的布上作画，在图像表面产生具有十字交叉线的网格效果。选择菜单栏中的"滤镜"→"画笔描边"→"阴影线"选项，弹出图 4-82 所示的"阴影线"对话框，设置各参数后确定即可。

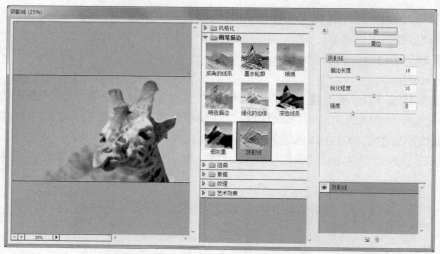

图 4-82 "阴影线"对话框

（5）扭曲滤镜

扭曲滤镜可以对图像进行各种扭曲变形，下面以水波滤镜效果介绍该类滤镜的使用方法。使用水波滤镜可以使图像产生波纹效果，如图 4-83 所示，就像水中泛起的涟漪。选择菜单栏中的"滤镜"→"扭曲"→"水波"选项，弹出"水波"对话框，设置好参数后确定即可。

（6）杂色滤镜

杂色滤镜可以在图像中随机添加或减少环境的噪声，在图像处理噪声效果时通过添加像素来实现，下面以添加杂色滤镜效果为例介绍该类滤镜的用法。添加杂色滤镜可以给图像添加一些颗粒状的像素，选择菜单栏中的"滤镜"→"杂色"→"添加杂色"选项，弹出"添加杂色"对话框，如图 4-84 所示，设置好各参数后确定即可。

（7）像素化滤镜

像素化滤镜主要用来将图像分块和将图像平面化，使图像中颜色相近的像素组成块单元格。下面以马赛克滤镜效果为例介绍该类滤镜的用法。马赛克滤镜可以给图像添加类似马赛克的效果，选择菜单栏中的"滤镜"→"像素化"→"马赛克"选项，弹出"马赛克"对话框，如图 4-85 所示，设置好各参数后确定即可。

图 4-83 "水波"对话框

图 4-84 "添加杂色"对话框

图 4-85 "马赛克"对话框

（8）渲染滤镜

渲染滤镜可以对图像进行光照效果、镜头光晕等效果处理，使图像产生发光效果。下面以光照效果为例介绍该类滤镜的用法。光照效果滤镜用于给图像添加光源，设置光线效果，选择菜单栏中的"滤镜"→"渲染"→"光照效果"选项，弹出"光照效果"对话框，如图 4-86 所示，设置好各参数后确定即可。

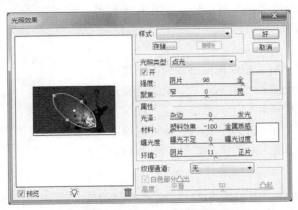

图 4-86　"光照效果"对话框

（9）锐化滤镜

锐化滤镜通过增强像素之间的对比度，使图像变得更清晰。下面以锐化滤镜效果为例介绍该类滤镜的用法。锐化滤镜是在图像边缘的侧面制作一条对比度很强的连线，使图像变得清晰。选择菜单栏中的"滤镜"→"锐化"→"锐化"选项即可。

（10）素描滤镜

素描滤镜以模拟绘画的方式给图像添加纹理，使图像产生素描等艺术效果。下面以水彩画纸滤镜效果为例，介绍该类滤镜的用法。水彩画纸滤镜可以产生一种粗糙的浮雕效果，边缘有一种撕纸的效果。选择菜单栏中的"滤镜"→"素描"→"水彩画纸"选项，弹出"水彩画纸"对话框，如图 4-87 所示，设置好各参数后确定即可。

图 4-87　"水彩画纸"对话框

（11）风格化滤镜

风格化滤镜通过转换像素并且查找和增加图像中的对比度，产生各种风格效果。下面以浮雕效果滤镜为例介绍该类滤镜的用法。浮雕效果滤镜通过勾绘边缘使图像有凹凸感，产生如同浮雕的效果。选择菜单栏中的"滤镜"→"风格化"→"浮雕效果"选项，弹出"浮雕效果"对话框，如图4-88所示，设置好各参数后确定即可。

（12）纹理滤镜

纹理滤镜可以制作出材质感或深度感较强的图像效果。下面以龟裂缝滤镜为例介绍该类滤镜的用法。龟裂缝滤镜可以使图像产生纹理效果，此滤镜使用于大范围的同一种颜色或灰度的图像创建浮雕。选择菜单栏中的"滤镜"→"纹理"→"龟裂缝"选项，弹出"龟裂缝"对话框，如图4-89所示，设置好各参数后确定即可。

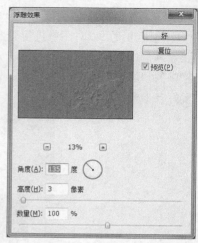

图4-88　"浮雕效果"对话框

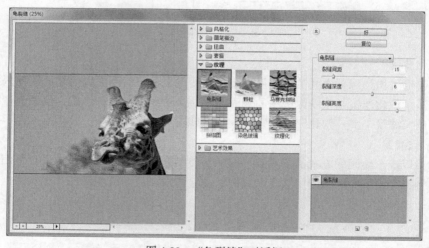

图4-89　"龟裂缝"对话框

（13）视频滤镜

视频滤镜中包括NTSC颜色和逐行两种滤镜类型，此滤镜具有将摄像机输入的图像输出到录像带上的功能。

（14）其他滤镜

其他滤镜中包括位移、最大值、最小值、自定和高反差保留几种滤镜。下面以最大值滤镜为例介绍该类滤镜的用法。选择菜单栏中的"滤镜"→"其他"→"最大值"选项，弹出"最大值"对话框，如图4-90所示，设置好各参数后确定即可。

（15）抽出滤镜

抽出滤镜可以将图像从其中分享出来，操作步骤简单快捷，使用抽出滤镜的步骤如下。

➢ 选择菜单栏中的"滤镜"→"抽出"选项，弹出"抽出"

图4-90　"最大值"对话框

对话框，如图 4-91 所示。

图 4-91　"抽出"对话框

➢ 选择【边缘高光器】工具，设置好参数后，用该工具勾画出图像的轮廓，如图 4-92 所示。可以在其勾画过程中用【放大】工具放大图像，用【抓手】工具移动图像，用【橡皮擦】工具擦除勾画错的地方。

图 4-92　勾勒图像轮廓

➢ 单击【油漆桶】工具在抽出部分填充颜色并设置相关参数，如图 4-93 所示。

图 4-93　填充区域

➢ 单击【预览】按钮预览图像效果，如图 4-94 所示，满意后单击【好】按钮即可。

图 4-94　抽出效果预览

（16）液化滤镜

液化滤镜可以使图像产生比较自然的扭曲、旋转、移位等变形效果，利用网格命令可以看到变形前后的效果。选择工具栏中的"滤镜"→"液化"选项，将弹出"液化"对话框，如图 4-95 所示。该对话框中包含多种液化工具和参数选项，根据需要使用不同工具对图像处理后确定即可。

图 4-95　"液化"对话框

（17）图案生成器滤镜

图案生成器滤镜只需选择图像的一个区域即可创建现实或抽象的图案。在菜单栏选择"滤镜"→"图案生成器"选项，弹出"图案生成器"对话框，如图 4-96 所示，该对话框中包含多种图案生成工具和参数选项，根据需要使用不同工具对图像处理后确定即可。

图 4-96　"图案生成器"对话框

4.5　Photoshop 的综合应用

1. 特效锁链设计

（1）制作单节锁链

➤ 启动 Photoshop CS，在菜单栏选择"文件"→"新建"选项，弹出"新建"对话框，对话框中的参数设置如图 4-97 所示，单击【好】按钮。

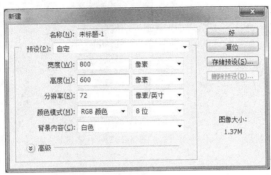

图 4-97　"新建"对话框

➤ 将工具箱中的前景色设置为灰色，使用【油漆桶】工具填充背景颜色。单击"图层"面板底部的【创建新的图层】按钮，新建"图层 1"。

➤ 选择工具箱中的【椭圆选框工具】，按住【Shift】键，在页面上绘制圆形选区。单击工具箱中的【渐变工具】按钮，然后在其选项栏上选择【径向渐变】按钮，单击选项栏上的颜色条打开"渐变编辑器"对话框，按图 4-98 所示编辑渐变类型。在圆形选项的中心点单击并向外拖动，填充选区，效果如图 4-99 所示，按【Ctrl+D】组合键取消选区。

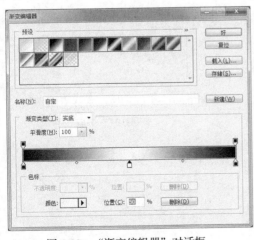
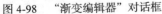

图 4-98　"渐变编辑器"对话框

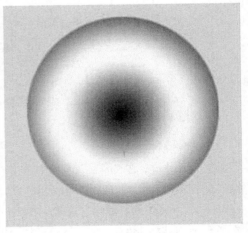

图 4-99　渐变填充效果

➤ 选择工具箱中的【矩形选框工具】，在"图层 1"上选中圆形区域的下半部分，如图 4-100所示。

➢ 按住【Ctrl+Alt】组合键再连续按【↓】键，直到得到图 4-101 所示的效果，取消选区。

➢ 选择工具箱中的【魔棒工具】，在环形内部的黑色区域单击，然后按【Delete】键删除选区内容。取消选区，再用【橡皮擦工具】修饰环形内部区域，效果如图 4-102 所示。

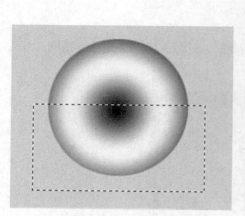

图 4-100 选取部分图形

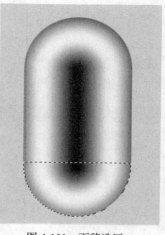

图 4-101 下移选区

图 4-102 单节锁链效果图

（2）复制并摆放环形

➢ 选择"图层 1"，在菜单栏选择"编辑"→"自由变换"选项，缩放到适当大小，并把"图层 1"复制 3 个副本，如图 4-103 所示。

➢ 将页面中的环形旋转至不同的角度，并摆放它们的位置，组成锁链形状，效果如图 4-104 所示。

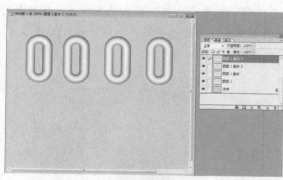

图 4-103 复制图层 1

图 4-104 摆放锁链

（3）制作锁链衔接效果

➢ 按住【Ctrl】键，在"图层"面板中单击"图层 1 副本"的缩略图，将该图层中的环形载入选区，如图 4-105 所示，切换到"通道"面板，单击底部的【将选区存储为通道】按钮，把选区存储成 Alpha 通道，自动命名为"Alpha1"。

➢ 使用同样的方法将"图层 1 副本 2"的环形选区存储为"Alpha2"，将"图层 1 副本 3"的环形

图 4-105 载入选区

选区存储为“Alpha3”。

> 按住【Ctrl】键，单击图层面板中“图层 1”的缩略图，将该图层中的环形载入选区，然后在菜单栏选择“选择”→“载入选区”选项，弹出“载入选区”对话框，如图 4-106 所示，在“通道”下拉框中选择“Alpha1”，在“操作”区域中选择“与选区交叉”选项，完成设置后单击【好】按钮，载入选区后效果如图 4-107 所示。

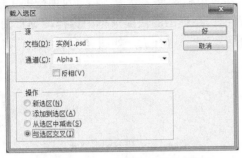

图 4-106　“载入选区”对话框

图 4-107　载入选区效果

> 选择工具箱中的【套索工具】，单击选项栏中的【从选区中减去】按钮，在当前选区上画出需要减去的选区，如图 4-108 所示。松开鼠标，被套索画好的选区从原有的选区中减去，如图 4-109 所示。

图 4-108　画出被减选区

图 4-109　减去选区效果

> 在图层面板中选择“图层 1 副本”图层，按【Delete】键删除选区内容，取消选区后效果如图 4-110 所示。

> 使用上面的方法，依次制作“图层 1 副本 2”、“图层 1 副本 3”的链接效果，完成后效果如图 4-111 所示。

图 4-110　锁链链接效果

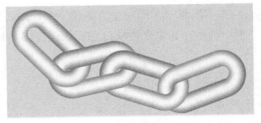

图 4-111　完成锁链效果

2. 折扇设计

（1）制作扇骨

> 启动 Photoshop CS，在菜单栏选择“文件”→“新建”选项，弹出“新建”对话框，设置新建页面参数，单击【好】按钮。

➤ 在图层面板中单击【新建图层】按钮，新建一个图层，并命名为"扇骨 1"。然后选择工具箱中的【钢笔工具】在页面中绘制图 4-112 所示的路径。

➤ 单击路径面板底部的【将路径载入选区】按钮，将路径转变成选区。使用【油漆桶】工具将选区填充成浅黄色。

➤ 复制"扇骨 1"图层，选择新复制的图层，在菜单栏选择"编辑"→"自由变换"选项，出现"自由变换"定界框，在定界框内单击鼠标右键，在弹出的快捷菜单中选择"垂直翻转"命令。使用【移动工具】将翻转后的图形与原图形平直的一边合拢，如图 4-113 所示，将这两个图层合并。

图 4-112　绘制路径　　　　　　　　　　　　　图 4-113　拼合图形效果

➤ 选择合并后的图层，单击图层面板底部的【图层样式】按钮，在弹出的菜单中选择"斜面和浮雕"命令，打开"图层样式"对话框，设置参数如图 4-114 所示。

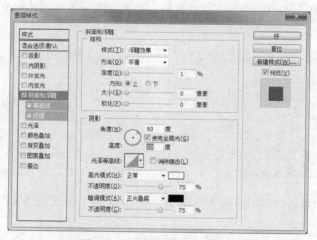

图 4-114　"图层样式"对话框

➤ 在菜单栏选"编辑"→"自由变换"选项，将页面中的图形旋转到图 4-115 所示的角度。

➤ 在"扇骨 1"图层上方新建一个图层，并命名为"旋转轴"。使用椭圆选区工具在该层绘制一个小圆形，并填充为深红色，放置在图 4-116 所示的位置。

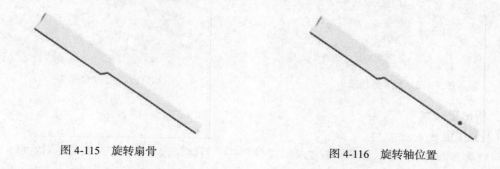

图 4-115　旋转扇骨　　　　　　　　　　　　图 4-116　旋转轴位置

➢ 复制"扇骨 1"图层并命名为"扇骨 2",选中"扇骨 2"图层,在菜单栏选择"编辑"→"自由变换"选项,将定界框内的中心点移动到与深红色圆形重合的位置。然后旋转复制出来的扇骨到图 4-117 所示的位置后应用。

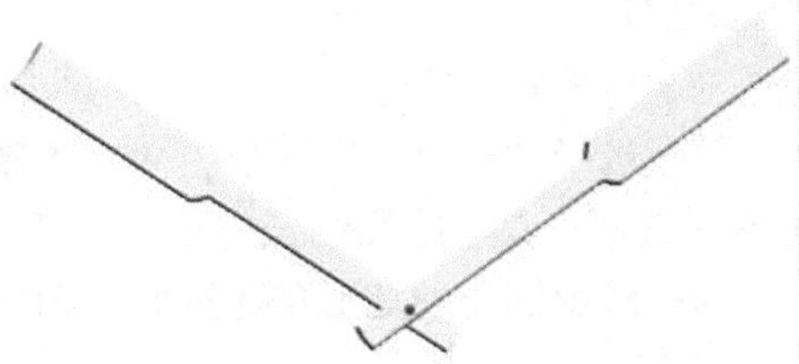

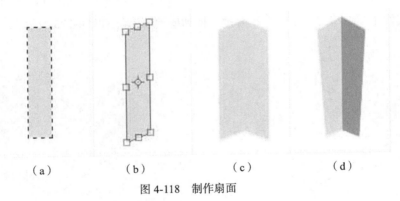

图 4-117　旋转扇骨 2 图层

(2)制作扇面

➢ 新建图层并命名为"扇面"。使用【矩形选框工具】在"扇面"图层上绘制选区并填充成浅灰色,如图 4-118(a)所示。进入通道面板,单击面板底部的【将选区存储为通道】按钮,存储选区。

➢ 取消选区,在菜单栏选择"编辑"→"自由变换"选项,按【Ctrl】键向上倾斜图形,如图 4-118(b)所示。

➢ 复制"扇面"图层,将复制的"扇面副本"图层水平翻转,与原图形拼合,效果如图 4-118(c)所示。

➢ 按住【Ctrl】键,单击"扇面副本"图层的缩略图,使副本图形载入选区,使用深灰色填充选区。合并"扇面"和"扇面副本"图层,进行自由变换,在页面中单击鼠标右键,在弹出的菜单中选择"透视"命令,向内拖动底部的控制点,得到图 4-118(d)所示的效果。

（a）　　　　　（b）　　　　　（c）　　　　　（d）

图 4-118　制作扇面

➢ 将"扇面"图层中的图像旋转,与扇骨对齐,如图 4-119 所示。复制"扇面"图层,按【Ctrl+T】组合键进行自由变换,将变换中心点拖动到与深红色旋转轴重合处,然后旋转图层,使两个扇面图形对齐合拢,如图 4-120 所示。

图 4-119　放置单个扇面

图 4-120　旋转扇面

➢ 按【Ctrl+Shift+Alt+T】组合键执行"再次变换",连续执行此操作,旋转出扇面效果,如图 4-121 所示。

➢ 将所有扇面图层合并,仍然命名为"扇面"。将"扇面"图层拖入到"扇骨 1"和"扇骨 2"

图层之间。

（3）制作内部支骨

➤ 选择"扇骨 1"图层，单击【新建图层】按钮新建一个图层并命名为"支骨"。然后使用【矩形选框工具】绘制细长的矩形选区并填充成浅黄色，如图 4-122 所示。

➤ 将刚创建的矩形条通过旋转和移动放在图 4-123 所示的位置。

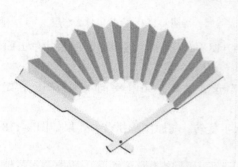 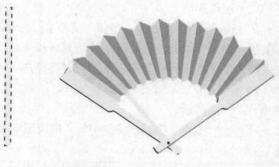

图 4-121　制作扇面效果　　　图 4-122　创建支骨　　　图 4-123　放置支骨

➤ 复制"支骨"图层，执行自由变换，仍将变换中心点放到旋转轴上，旋转图形得到图 4-124 所示的效果。

➤ 连续按【Ctrl+Shift+Alt+T】组合键，得到扇子效果，如图 4-125 所示。

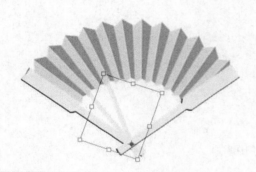 

图 4-124　旋转支骨　　　　　　　图 4-125　最终效果

习　题

一、选择题

1. 对图像进行处理时，经常使用的工具软件是（　　）。
   A. Word　　　　　　　　B. Photoshop　　　C. Flash　　　D. Premiere
2. 下面对矢量图和像素图描述正确的是（　　）。
   A. 矢量图的基本组成单元是像素
   B. 位图的基本组成单元是锚点和路径
   C. Adobe photoshop 能够生成位图

D. Adobe photoshop 能够生成矢量图

3. 下列哪项是 Photoshop 中默认的格式（　　　）。

A. PSD　　　　　　　B. JPEG　　　　　　　C. GIF　　　　　　　D. TIFF

4. 下面文件格式中，不属于图像格式的有（　　　）。

A. BMP　　　　　　　B. TIFF　　　　　　　C. JPEG　　　　　　D. DOC

5. 图像分辨率的单位是（　　　）。

A. dpi　　　　　　　B. ppi　　　　　　　　C. lpi　　　　　　　D. pixel

6. （　　　）是色彩的最大特征，是指各种色彩的相貌。

A. 亮度　　　　　　　B. 光度　　　　　　　C. 色相　　　　　　D. 明度

7. 下列哪个是 Photoshop 图像最基本的组成单元（　　　）。

A. 节点　　　　　　　B. 色彩空间　　　　　C. 像素　　　　　　D. 路径

8. 取消选区的快捷键是（　　　）。

A. Ctrl+D　　　　　　B. Ctrl+T　　　　　　C. Esc　　　　　　　D. BackSpace

9. 单击图层调板上图层左边的眼睛图标，结果是（　　　）。

A. 该图层被锁定　　　　　　　　　　　B. 该图层被隐藏

C. 该图层会以线条稿显示　　　　　　　D. 该图层被删除

10. 如何使用仿制图章工具在图像中取样 （　　　）。

A. 在取样的位置单击鼠标并拖拉

B. 按住【Shift】键的同时单击取样位置来选择多个取样像素

C. 按住【Alt】键的同时单击取样位置

D. 按住【Ctrl】键的同时单击取样位置

11. 下列哪种工具可以选择连续的相似颜色的区域（　　　）。

A. 矩形选框工具　　　　B. 椭圆选框工具

C. 魔棒工具　　　　　　D. 磁性套索工具

12. 在 Photoshop CS 中，状态栏的作用是什么（　　　）。

A. 显示各种下拉菜单

B. 显示并调整图像各种相关信息的面板

C. 提供各种工具

D. 显示当前图像的状态和所选工具的说明

13. 下面哪个工具可以减少图像的饱和度（　　　）。

A. 加深工具　　　　　　B. 减淡工具

C. 海绵工具　　　　　　D. 任何一个在选项调板中有饱和度滑块的绘图工具

14. Photoshop CS 提供了哪些图层合并方式（　　　）。

A. 向下合并　　　　　　B. 合并可见层

C. 拼合图层　　　　　　D. 合并链接图层

15. 如何移动一条参考线（　　　）。

A. 选择移动工具拖拉

B. 无论当前使用何种工具，按住【Alt】键的同时单击鼠标

C. 在工具箱中选择任何工具进行拖拉

D. 无论当前使用何种工具，按住【shift】键的同时单击鼠标

16. 如何才能以 100% 的比例显示图像（　　）。

    A. 在图像上按住【Alt】键的同时单击鼠标

    B. 选择"视图→满画布显示"选项

    C. 双击抓手工具

    D. 双击缩放工具

17. 下面对模糊工具功能的描述哪个是正确的（　　）。

    A. 模糊工具只能使图像的一部分边缘模糊

    B. 模糊工具的压力是不能调整的

    C. 模糊工具可降低相邻像素的对比度

    D. 模糊工具可提高相邻像素的对比度

18. 当编辑图像时，使用减淡工具可以达到何种目的（　　）。

    A. 使图像中某些区域变暗

    B. 删除图像中的某些像素

    C. 使图像中某些区域变亮

    D. 使图像中某些区域的饱和度增加

19. 以下不是路径组成部分的是（　　）。

    A. 直线   B. 曲线   C. 锚点   D. 像素

二、填空题

1. 计算机图像分为两大类，包括_____和_____。

2. _____是组成位图图像的最小单位。

3. 为方便用户操作，Photoshop 的很多功能可通过快捷键来实现，其中新建文件的快捷键是_____，打开文件的快捷键是_____，关闭文件的快捷键是_____。

4. 图像文件的像素尺寸是宽度 900 像素，高度 600 像素，分辨率为 300 像素/每英寸，则图像的打印尺寸为宽度_____英寸，高度_____英寸。

5. CMYK 模式中 C、M、Y、K 分别指_____、_____、_____和_____ 4 种颜色。

6. _____格式的图像文件支持动画。

7. 选框工具组中包括 4 个工具：_____、_____、_____、_____。

8. 使用_____命令可以对图像进行变形，快捷键是_____。

9. 在背景图层中，按【Delete】键，选区中的图像即被删除，选区由_____填充。

10. 使用光标键可以每次以_____像素为单位移动选区；按住【Shift】键再使用光标键，则每次以_____像素为单位移动选区。

三、简答题

1. 简述位图和矢量图的特点及区别。

2. 分别说明什么是显示器分辨率、图像分辨率和输出分辨率。

3. 简述 Photoshop 中的色彩模式分类及其特点。

4. 简述蒙板的分类及其作用。

5. 试列出 5 种图像格式并说明它们的特点。

第5章
动画技术

在信息技术应用中，只依赖于文本信息或图形图像信息是不够的，为达到更好的描述效果，需要利用动画。动画比静态图片表达的信息多，比视频占用的存储空间少，能更直观地表现事物变化的过程。因此，动画技术有着重要的作用。

通过本章的学习，读者应掌握以下知识。

- 动画的概念和分类。
- 常用的计算机动画制作软件。
- Flash 动画的制作环境。
- 元件与元件实例。
- Flash 动画的制作。

5.1　动画概论

5.1.1　动画的概念

1. 动画和计算机动画

动画（Animation）是通过快速呈现一系列静态图像创建出来的，每一个图像之间差别很小，人脑将这组图像识别为一个变化的场景。

动画和电影、电视一样，都是利用人的视觉暂留特性而产生的一门技术。所谓视觉暂留，是指人眼对光像亮度的感觉和光像对人眼的作用时间并不同步。一个光像对人眼的作用消失后，视觉对这个光像亮度与颜色的主观感觉在大约 1/20 秒之内不会消失，是逐渐下降的。从这个主观感觉的维持时间可知，如果前一幅画面的视觉感觉还没有完全消失就出现下一幅画面，就会给人眼一种真实的连续感。较高的播放速度会使动作看起来更平滑、连续。速度慢时，画面之间将产生跳动或闪烁。动画就是通过快速地播放一系列的静态画面，让人在视觉上产生动态的效果。组成动画的每一个静态画面叫作一帧（frame），动画的播放速度通常称为"帧速率"，以每秒钟播放的帧数表示，简记为 f/s。如果播放速度为 24f/s，即每秒播放 24 帧，则人眼看到的画面效果就是连续的。

1946 年，第一台计算机诞生，虽然当时它主要应用于军事计算，但是短短数十年间，计算机却改变了世界的一切。数字技术的引入为动画制作者提供了更大的创意空间，也为公众带来了更多、更精彩的影像。

计算机动画是一门应用计算机技术制作动画的艺术，是计算机图形学和动画的子领域。计算机动画是依据人眼的视觉暂留特性，借助于编程或动画制作软件生成一系列的连续画面，是基于数学公式由算法产生的，计算机动画是采用连续播放静止图像的方法产生物体运动的效果。

2. 计算机动画的发展

计算机动画的发展分成 3 个阶段，依次为二维动画技术主导发展阶段、三维动画技术高速发展阶段和三维动画技术全盛发展时期。

（1）二维动画技术主导发展阶段

这一阶段主要指 20 世纪七八十年代，二维动画技术开始大量介入动画片创作之中，三维动画技术在之前计算机图形图像技术的基础上，开始了初步的探索性发展。艺术家发现计算机技术在动画片发展过程中具有巨大潜力，开始进行真人影视动画片的试探性合作，重新定义计算机图形技术的发展方向，研究和发明三维动画技术的硬件设施和软件设备。这一时期的研究主要集中在美国、日本、加拿大和欧洲。1980 年，迪斯尼用电脑图形制作了电影《电子世界争霸战》，开创了计算机图形技术制作电影的新纪元。20 世纪 80 年代初，相继开发出将真人动作投射到电脑上进行创作和利用光学追踪技术研发的动作捕捉系统，进一步提高了动画技术表现动作的逼真性和自然度。1986 年，在《妙妙探》中，第一次采用大量计算机动画技术制作出伦敦钟楼的场景。1988 年，《谁陷害了兔子罗杰》采用 2D 与真人合成的技术效果，实现了动画与实景的完美结合。1989 年的《小美人鱼》最早把计算机软件上色运用到动画上，使过去十分繁杂的工艺技术变得简单容易，标志着一个新的动画时代的到来。

（2）三维动画技术高速发展阶段

这一阶段主要是指 20 世纪 90 年代到 20 世纪末，2D 与 3D 动画技术的结合成为这一时期动画制作的主流。皮克斯动画制作工作室昂首于三维动画技术领域，三维动画技术从初期的背景、环境的制作，开始转向全方位的运用，并且出现了第一部全数字电脑电影。皮克斯与迪斯尼携手合作，用一部部新的作品不断探索技术的特殊表现力，并由此确立了自己的龙头地位。而梦工厂制作的高水准动画片，也给梦工厂与皮克斯的分庭抗礼提供了最坚实的资本。

这一时期，在迪斯尼的经典动画片《美女与野兽》《阿拉丁》等作品中，广泛采用 2D 结合 3D 的技术手法，应用三维动画制作软件做成二维的效果。到 1994 年的《狮子王》，开始将三维动画技术运用于各种性格各异、活泼可爱的动物身上。1995 年，三维动画技术史上划时代的作品出现，世界上第一部由电脑制作的三维动画《玩具总动员》诞生，这也是传统动画巨头迪斯尼与皮克斯合作的第一部动画影片。画面比二维动画更为真实，立体的视觉效果，拟人化的各种玩具形象，毛发、树叶这些细节的精心呈现，奇思妙想的故事情节，为影片带来了可观的票房收入，其精彩纷呈的电脑技术使该片导演理所当然地获得了奥斯卡特殊成就奖。3 年后，两者合作的第二部动画片《虫虫危机》凭借着最新开发的动画制作工具 Renderman 获得了美国电影艺术和科学学院颁发的"科学与技术成就奖"，片中各式各样的昆虫们更加生动，愈发拟人化。第三部影片《玩具总动员 2》，采用更加高端的三维动画制作系统，真实地模拟出人物的皮肤、毛发等，表情和动作的表现更为细腻流畅。与此同时，之后与皮克斯齐名的三维动画制作公司 PDI 创造了《埃及王子》《小蚁雄兵》等影片。为了艺术表现的需要，影片采用二维、三维的技术结合常规的手工动画，创作出更为精致的多层次画面，既有二维动画的绘画风格，又具有三维动画的视觉冲击力，呈现了两者完美结合的视觉效果。

（3）三维动画技术全盛发展时期

这一阶段主要是指 21 世纪初至今，皮克斯、梦工厂的 PDI、福克斯的蓝天工作室三足鼎立，吸引了华纳、索尼、史克威尔等大型影视巨头的加盟，市场异常活跃，进入了群雄纷争的时代。在竞争的浪潮中，动画片呈现的种类、题材，所采用的高端技术，可以说是精彩纷呈，令人目不暇接，动画水准得到了飞速提高，动画产业得到了迅速发展。三维动画技术这一极具市场开拓力的技术，不断刷新人们对动画的传统感知，令观众大呼过瘾。

皮克斯没有故步自封，为了保持自己在动画领域的领先地位，无时无刻不在酝酿技术上的突破。2001 年的《怪物公司》挑战了毛怪身上的毛发以及小女孩身上衣服的动感，体现了毛发的重力感和灵巧度，小女孩衣服和动作的搭配天衣无缝、完美无缺。在《海底总动员》中，从照明、涌浪和波涛、幽暗朦胧的氛围以及光线的反射和折射 5 个方面建造了唯有计算机三维技术才能塑造的海底世界。《超人总动员》是皮克斯首次制作全部是人类角色的影片，这个故事在将近 100 个不同的场景中展开，而且由于该片强调角色的人性化特点，创作出历史上最为可信的动画人类形象，包括细腻的皮肤、晶亮的毛发和华丽的服饰。三维动画市场早在十年前就已经吸引了梦工厂的加盟，此时的梦工厂再接再厉，巩固和扩大了自己在三维动画方面的领先地位。票房一路飘红的《怪物史瑞克》系列，已经做到了第三部，使用 PDI 公司专门设计出来的"塑形"软件，让人物看上去更加真实可信，面部表情、举止动作更加运动自如、自然流畅。福克斯的蓝天工作室同样是业内最顶尖、最优秀的三维动画制作公司，它创作的《冰河世纪》，采用其拥有专利的软件 CGI Studio，这个软件尤其擅长创造皮毛和头发投射出的细腻光影，被公认为最优秀的光线跟踪处理软件。此外，史克威尔的《最终幻想》惊人地再现了与真人电影一样栩栩如生的画面，运用全新的影像捕捉技术，使片中人物的逼真程度达到前所未有的水平。

5.1.2　动画的特性

1. 动画的技术特性

动画的技术特性指的是用逐个制作工艺和逐个拍摄技术创造性地还原自然形态的技术手段，具体方法是通过对事物的运动过程和形态的分解，画出一系列运动过程的不同瞬间动作，然后进行逐张描绘、顺序编码、计算时间以及逐个拍摄等工艺技术处理过程。

2. 动画的工艺特性

动画具有严格的操作方法和技术分工，动画不像其他艺术技巧，动画的综合工艺特性使得每一个工作环节不能产生完整的作品，只有把所有人的成绩和起来才能形成一个完整的作品，所以说动画具有工艺的性质，是一种制作方法和加工程序。

3. 动画的审美特性

动画的形态可以说是一切造型艺术的运动形态，从早期的天真动画、活动漫画，到后来的追求三维立体空间的长篇剧情动画，以及作为艺术探索的短片，无论是商业动画还是作为功用目的性的科教动画、广告动画、网页动画、电影特技动画以及节目包装动画等，都不能忽视作为造型艺术形象的动态审美共性。

4. 动画的功能特性

早期动画作为技术手段使得简单的线条和图形能够在银幕上活动而娱乐观众，后来这种方法被用来推销产品做广告、科学教育片的制作以及农业技术推广片的特技制作。到了 20 世纪 40 年代，动画作为创作长篇剧情电影的手段而独树一帜，成为电影的一种新型样式越来越受到重视。随着新科学技术的发展，动画的功能得到广泛的开发，游戏动画、电视动画、网页动画、远程教育动画、电影特技动画等，显示了动画工艺技术在意识形态领域和文化教育领域发挥的作用越来越重要。

5. 动画的多元特性

动画技术成熟之后，动画的多元特性才渐渐显露出来，尤其是长篇剧情动画的艺术形态变得更加多样具体。这些艺术形态包括作为创作基础的文学脚本，作为影像构成主体的美术，作为表现情境的戏剧模式和作为叙事整体的电影语言等。

6. 动画的时尚特性

了解动画的历史就会发现动画和不同时代的流行文化以及科学技术之间有着密切的关系。电影史上活动摄影机和同步放映机的发明和完善一直和动画联系在一起。电影技术的成熟又带来了影院剧情动画的繁荣，电视的出现给动画一个新的舞台，繁衍出各种各样的电视动画系列节目，信息工程的发展使动画成为各种文化交流的有效手段，动画似乎成为现代人建立精神联系的一种语言方式。

7. 动画的假定特性

动画影像是艺术家创造出来的视觉形象，创作过程是假定性设想：形象假设、动作假设、表情假设、环境假设、声音假设等；想象构成是假定性的：演员是创造的形象，环境道具是制作的模型和绘画；欣赏与读解是假定性的：观众对动画逼真的视觉和听觉所感染而产生的幻觉以及想象具有同感。

5.1.3　计算机动画的格式

动画的概念不同于一般意义上的动画片，动画是一种综合艺术，它是集合了绘画、漫画、电影、数字媒体、摄影、音乐、文学等众多艺术门类于一身的艺术表现形式。

动画的常见格式如下。

1. GIF 动画格式

GIF（Graphics Interchange Format）的原义是"图像互换格式"，是 CompuServe 公司在 1987 年开发的图像文件格式。GIF 文件的数据，是一种基于 LZW 算法的连续色调的无损压缩格式。其压缩率一般在 50% 左右，它不属于任何应用程序。目前几乎所有相关软件都支持它，公共领域有大量的软件都使用 GIF 图像文件。

2. SWF 格式

SWF（Shock Wave Flash）是 Macromedia（现已被 ADOBE 公司收购）公司的动画设计软件 Flash 的专用格式，是一种支持矢量和点阵图形的动画文件格式，被广泛应用于网页设计和动画制作等领域，SWF 文件通常也被称为 Flash 文件。SWF 普及程度很高，现在超过 99% 的网络使用者都可以读取 SWF 档案。SWF 可以用 Adobe Flash Player 打开，浏览器必须安装 Adobe Flash Player 插件。

3. FLIC FLC / FLI 格式

FLC/FLI（Flic 文件）是 Autodesk 公司在其出品的 2D、3D 动画制作软件中采用的动画文件格式，FLIC 是 FLC 和 FLI 的统称。FLI 最初是基于 320×200 分辨率的动画文件格式，在 Autodesk 公司出品的 Autodesk Animator 和 3DStudio 等动画制作软件均采用了这种彩色动画文件格式。

另外还有 AVI 格式和 MOV、QT 格式等。

5.1.4　计算机动画的分类

按照计算机动画的制作原理，计算机动画可分为二维动画和三维动画两类。

1．二维动画

二维动画（2D Animation）是平面上的画面，二维动画画面产生的立体感其实是在二维空间上模拟真实三维空间的效果。

它主要表现二维平面上的内容，如用于模拟各类实验过程和实验仪器的操作等，但也可以通过特殊处理制作出三维效果。目前的计算机动画处理中，二维动画以其简单方便的制作与使用方法得到了广大动画设计制作人员的青睐。

2．三维动画

三维动画（3D Animation）又称模型动画，它利用计算机构造三维物体的模型，并通过对模型、虚拟摄像机、虚拟光源运动的控制描述，由计算机自动产生一系列具有真实感的连续动态图像。

制作三维动画首先要创建物体模型，然后让这些物体在空间动起来，如移动、旋转、变形、变色，再通过打灯光等生成栩栩如生的画面。

3．二维动画与三维动画比较

二维动画的技术基础是"分层"技术。动画师将运动的物体和静止的背景分别绘制在不同的透明胶片上，然后叠加在一起拍摄。这样不仅减少了绘制的帧数，同时还可以实现透明、景深和折射等不同的效果。发达的电脑技术与优秀动画师的合作进一步推动了二维动画的发展，各个层开始在电脑上直接合成，电脑还能绘制出大自然、科幻式奇效等手绘无法完成的画面。1986 年，迪斯尼利用电脑制作了《妙妙探》，此后，动画场景的数字合成技术在二维动画中得到了广泛使用。因此，严格来说，完全手绘的动画早就不存在了。如今，二维动画和三维动画之间的界限也渐渐变得模糊起来，但只要动画角色是用手绘制作并一层层叠加上去的，那就还属于二维动画。

三维动画依赖的 CG 技术（电脑图像生成技术 Computer Graphic），通过电脑强大的运算能力来模拟现实，需要完成建模、动作、渲染等步骤。建模就是以点、线、面的方式建立物体的几何信息；动作是在建模的基础上，通过动态捕捉、力场模拟等方法让物体按照要求运动；渲染就是给着了色、添加了纹理的物体打上虚拟的灯光进行模拟拍摄。

总的来说，二维动画与三维动画技术各有千秋，虽然以 CG 技术为依托的三维动画在电影电视的特技效果中已经超越了二维动画，但在其他领域（如教育、营销等方面）二维动画还是有着极大的发展空间。

5.1.5　计算机动画的制作软件

计算机动画制作软件分为二维动画制作软件和三维动画制作软件两类。

1．二维动画制作软件

制作二维动画的常用软件有 Flash、Swish 和 Ulead GIF Animator 等。

（1）Flash

Flash 是交互动画制作工具，在网页制作中广泛应用。Flash 具有强大的多媒体编辑能力，并可直接生成主页代码。Flash 本身没有三维建模功能，可在其他软件中创建三维动画，将其导入Flash 中合成。Flash 的界面如图 5-1 所示。

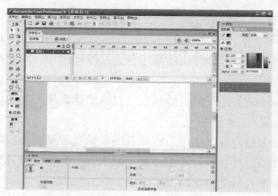

图 5-1　动画制作软件 Flash 的界面

（2）Swish

Swish 是一种快速简单的动画制作软件。Swish 中含有 230 多种可供选择的预设效果。使用 Swish 制作动画，可输出跟 Flash 相同的 SWF 格式，它可以在网页中加入动画，可以创造出需要上传到网络服务器的文件。Swish 的界面如图 5-2 所示。

（3）Ulead GIF Animator

Ulead GIF Animator 是友立公司出版的动画 GIF 制作软件。GIF 即图像交换格式，是 Internet 上最常见的图像格式之一。制作 GIF 文件与其他文件不同，首先要在图像处理软件中制作好 GIF 动画中的每一幅单帧画面，然后用制作 GIF 的软件把这些静止的画面连在一起，确定帧与帧之间的时间间隔并保存成 GIF 格式。Ulead GIF Animator 的界面如图 5-3 所示。

图 5-2　动画制作软件 Swish 的界面

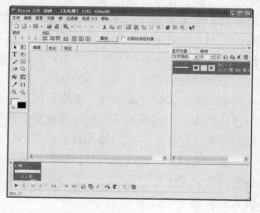

图 5-3　动画制作软件 Ulead GIF Animator 的界面

2. 三维动画制作软件

制作三维动画的常用软件有 Maya 和 3D Studio MAX 等。

（1）Maya

Maya 是 Alias/Wavefront 公司在 1998 年推出的三维动画制作软件。虽然相对于其他经典的三维制作软件来说，Maya 的历史并不长，但它凭借强大的功能、友好的用户界面和丰富的视觉效果，一经推出就引起了动画和影视界的广泛关注。目前 Maya 已成为世界上最优秀的三维动画制作软件之一，被广泛应用于专业影视广告、角色广告、电影特技等领域。Maya 的界面如图 5-4 所示。

（2）3D Studio MAX

3D Studio MAX 是在 3D Studio（简称 3DS）基础上发展起来的，3D Studio 是美国 Autodesk 公司在 20 世纪 90 年代开发的基于普通微机的三维动画制作软件，也曾是应用最广泛、影响力最大的三维动画制作软件。由于其功能强，且对硬件要求低，因此得到了广泛应用，许多电视节目中的三维动画都是由 3DS MAX 软件制作的。

3D Studio MAX 是在 Windows 下运行的三维动画软件，3DS MAX 直接支持中文，将 3DS 原有的 4 个界面合并为一、二维编辑、三维放样、三维造型，使动画编辑的功能切换十分方便。3D Studio MAX 的界面如图 5-5 所示。

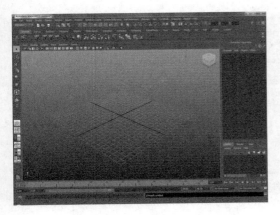

图 5-4　动画制作软件 Maya 的界面

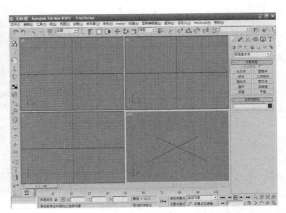

图 5-5　动画制作软件 3D Studio MAX 的界面

5.2　Flash 8 基础

Flash 是 Macromedia 公司推出的一种优秀的矢量动画编辑软件，Flash 8 是常用的一个版本。使用该软件，用户不但可以在动画中加入声音、视频和位图图像，还可以制作交互式的影片或者具有完备功能的网站。

5.2.1　Flash 8 的工作环境

1. 开始页

在桌面双击图标即可启动 Flash 8，也可以选择"开始"→"所有程序"→"Macromedia"→"Flash"选项，启动 Flash 8。

打开 Flash 8 后出现的窗口是默认的开始页，开始页将常用的任务都集中放在一个页面中，包括"打开最近项目""创建新项目""从模板创建""扩展"以及对官方资源的快速访问。如图 5-6 所示。

图 5-6　开始页

如果要隐藏开始页，勾选"不再显示此对话框"选项，然后在弹出的对话框中单击【确定】按钮。

如果要再次显示开始页，在菜单栏中选择"编辑"→"首选参数"选项，弹出"首选参数"对话框，然后在"常规"类别中设置"启动时"选项为"显示开始页"即可。如图 5-7 所示。

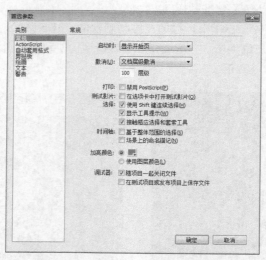

图 5-7   "首选参数"对话框

2. 工作界面

在开始页中，选择"创建新项目"下的"Flash 文档"，则启动 Flash 8 的窗口并自动创建一个名为"未命名-1"的空白 Flash 文档。如图 5-8 所示。

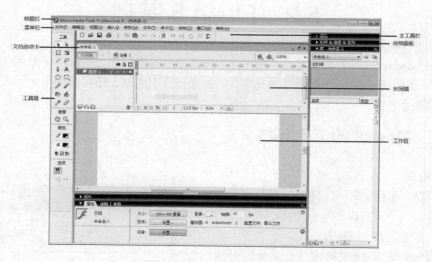

图 5-8   Flash 8 的工作界面

Flash 8 的工作界面由标题栏、菜单栏、主工具栏、文档选项卡、时间轴、工作区、工具箱和控制面板组成。如图 5-8 所示。

（1）标题栏

标题栏显示应用程序的名称、当前编辑的文档名称以及最小化、最大化和关闭按钮。

（2）菜单栏

菜单栏主要包括文件、编辑、视图、插入、修改、文本、命令、控制、窗口、帮助等菜单。这些菜单可以满足用户的不同需求。

（3）主工具栏

主工具栏包含打开、保存和打印等常用菜单命令的快捷图标。

（4）文档选项卡

文档选项卡主要用于切换当前要编辑的文档。

（5）时间轴

时间轴包括编辑栏、图层列表、时间轴标尺和帧格等。如图 5-9 所示。

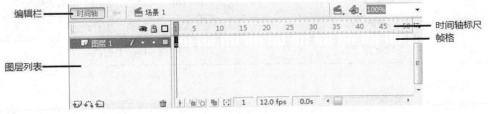

图 5-9　时间轴

- 编辑栏：用于时间轴的隐藏或显示、场景和元件的切换、舞台显示比例设置等。
- 图层列表：用于显示和编辑 Flash 文档中的图层。图层就像堆叠在一起的多张幻灯胶片一样，在舞台上一层层地向上叠加。如果上面一个图层上没有内容，那么就可以透过它看到下面的图层。
- 时间轴标尺：用于标示帧数。
- 帧格：用于编辑帧。

（6）工作区

工作区的中间空白区域是舞台。舞台是放置动画内容的矩形区域，这些内容可以是矢量图、文本框、按钮、导入的位图或视频剪辑等。只有舞台中的内容才能在动画中播放出来。

（7）工具箱

工具箱包括绘图和修改工具，如线条工具、椭圆工具、矩形工具和任意变形工具等。

常用的工具功能说明如表 5-1 所示。

表 5-1　　　　　　　　　　　　　　　　　　常用工具

工具图标	工具名称	功　能
▶	选择工具	用于选择对象、拖动对象等操作
▷	部分选取工具	用于对象的任意变形，和其他工具一起使用
⊡	任意变形工具	用于调整被选取对象的控制点
🗄	填充变形工具	用于对象的填充变形，和其他工具一起使用
╱	线条工具	用于绘制各种线条
◯	套索工具	用于选择不规则图形区域，修改图形
⬥	钢笔工具	用于绘制贝塞尔曲线

续表

工具图标	工具名称	功　能
A	文本工具	用于添加文本，修改文本
○	椭圆工具	用于绘制椭圆，同时按住 Shift 键可绘制正圆
□	矩形工具	用于绘制矩形，同时按住 Shift 键可绘制正方形
✎	铅笔工具	用于绘制折线、直线等
✏	刷子工具	用于绘制填充图形
✑	墨水瓶工具	用于给铅笔和直线喷颜色
✑	油漆桶工具	用于给圆和框内部填充颜色，也用于给刷子喷色
✐	滴管工具	用于采集填充颜色、填充内容
✐	橡皮擦工具	用于擦除工作区上的内容

（8）控制面板

Flash 8 的控制面板主要有属性面板、颜色面板、动作面板和库面板等。

● 属性面板：可以设置舞台或时间轴上当前选定对象的常用属性。当选定对象不同时，属性面板中会出现不同的设置参数。

● 颜色面板：包括混色器面板和颜色样本面板。混色器面板用于颜色选择，从中可以设置 Alpha 透明度、进行线条和填充颜色之间的切换，也可以设置填充类型。颜色样本面板用来管理颜色和填充渐变色。

● 动作面板：用来为影片添加动作。

● 库面板：用来管理文件和元件。

5.2.2　Flash 文档的基本操作

1．创建新文档

方法一：在开始页中，选择"创建新项目"下的"Flash 文档"，即可创建一个新的 Flash 文档。

方法二：在菜单栏中选择"文件"→"新建"选项，打开"新建文档"对话框，在"常规"选项卡下选择"Flash 文档"，按【确定】按钮即可。如图 5-10 所示。

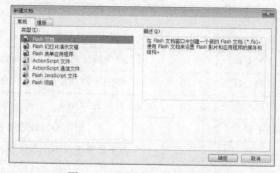

图 5-10　"新建文档"对话框

方法三：使用【Ctrl+N】组合快捷键，打开"新建文档"对话框，在"常规"选项卡下选择"Flash 文档"，按【确定】按钮即可。

2. 保存文档

方法一：在菜单栏中选择"文件"→"保存"选项，弹出"另存为"对话框，设置保存位置，单击【保存】按钮。

方法二：使用【Ctrl+S】组合快捷键也可保存文档。

在 Flash8 中，Flash 文档默认保存为 FLA 格式。

3. 打开文档

方法一：双击创建好的 Flash 文档可以打开文档。

方法二：在菜单栏中选择"文件"→"打开"选项，选择需要进行编辑的 Flash 文档的位置，单击【打开】按钮即可。

4. 测试影片

Flash 文档制作好后，需要观看动画的动态效果来测试影片。

方法一：按下【Ctrl+Enter】组合快捷键即可预览动画效果。

方法二：在菜单栏中选择"控制"→"测试影片"选项即可。

5. 发布影片

Flash 除了在 Flash8 中可以播放，还可以在多种环境下播放，此时可以使用 Flash 的影片发布功能。Flash 文档的默认格式为 FLA，当发布 FLA 文件时，Flash 会将其压缩为 SWF 文件格式。如果希望所创建的动画能在其他环境下播放，应在发布设置中选择相应的发布类型。

（1）发布设置

影片发布前应配置文件的发布方式，在菜单栏中选择"文件"→"发布设置"选项，在"格式"选项卡中选择"Flash（.swf）"和"HTML（.html）"，此操作使 Flash8 只发布 SWF 文件和 HTML 文件。HTML 文件用于在 Web 浏览器中显示 SWF 文件。如图 5-11 所示。

图 5-11　"发布设置"对话框

（2）发布预览

发布设置之后，在菜单栏中选择"文件"→"发布预览"选项，选择需要预览的格式即可预览效果。

（3）发布

发布将 FLA 格式文件复制并转换成其他格式的文件。在菜单栏中选择"文件"→"发布"选项，Flash8 根据发布设置，创建文件并保存在 FLA 格式文件所在的文件夹中。

5.2.3　帧的概念和基本操作

1. 帧的概念

帧是 Flash 动画中最小单位的单幅画面，相当于电影胶片上的每一格镜头。一帧就是一副静止的画面，连续的帧就形成动画。按照视觉暂留的原理，每一帧都是静止的图像，快速连续地显示帧便形成了运动的假象。

在 Flash 文档中，帧可以用来设置动画运动的方式、播放的顺序及时间等。如图 5-12 所示。

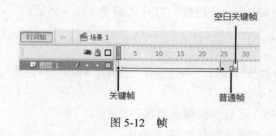

图 5-12　帧

从图 5-12 可以看出，时间轴标尺上每 5 帧有个"帧序号"标识。

根据性质的不同，可以把帧分为关键帧、空白关键帧和普通帧。

（1）关键帧

关键帧是在动画播放过程中，呈现关键性动作或者变化内容的帧。在时间轴中，关键帧以实心的圆点 表示，所有参与动画的对象必须存放在关键帧中。

（2）空白关键帧

空白关键帧是特殊的关键帧，它没有任何对象存在，可以作为添加对象的占位符。在时间轴中，空白关键帧以空心圆点 表示。在创建一个新的图层时，新图层的第一帧默认为空白关键帧。

若在空白关键帧中添加对象，则空白关键帧变成关键帧。若将关键帧中的所有对象都删除，则关键帧变成空白关键帧。

（3）普通帧

普通帧主要作用是过滤和延长动画内容显示的时间，在时间轴中，普通帧以空心矩形 或者单元格表示。普通帧上不同的颜色代表不同类型的动画，如动作补间动画的帧显示为浅蓝色，形状补间动画的帧显示为浅绿色。关键帧后面的普通帧将继承和延伸该关键帧的内容。

2．帧的操作

Flash 动画的实现过程离不开对帧的操作，对帧的操作动作有以下几种方式。

（1）选择帧

动画中的帧有很多，在操作中首先要准确定位和选择相应的帧，然后才能对帧进行操作。如果选择某一帧来操作，可以直接单击该帧；如果要选择多个连续的帧，在要选择的帧的起始位置处单击然后拖动光标到要选择的帧的终点位置，此时所有被选中的帧都显示为黑色的背景。如图5-13 所示。

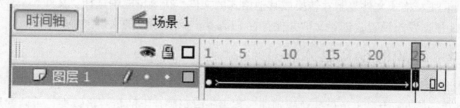

图 5-13　选择帧

（2）翻转帧

在制作动画时，一般是把动画按顺序从头播放，但有时也会把动画反过来播放，创造出另外一种效果。这可以利用"翻转帧"命令来实现。它是指将整个动画从后往前播放，即原来的第一帧变成最后一帧，原来的最后一帧变成第一帧，整体调换位置。

"翻转帧"首先选定需要翻转的帧，然后在帧格上单击鼠标右键，在弹出的快捷菜单中选择"翻转帧"命令即可。如图 5-14 所示。

图 5-14　翻转帧

（3）移动播放头

播放头指示当前显示在舞台中的帧，将播放头沿着时间轴移动，可以轻易地定位当前帧。播放头在时间轴中，用红色矩形▮表示，红色矩形下面的红色细线所经过的帧表示该帧目前正处于播放状态。

播放头就像是工作区中的选择工具，使用它可以观察正在编辑的帧内容以及选择要处理的帧，并且通过移动播放头能观看影片的播放，比如向后移动播放头，可以从前到后按正常顺序来观看影片；如果由后到前移动播放头，那么看到的影片就是回放内容。

播放头的红色细线一直延伸到底层，选择时间轴标尺上的一个帧并单击，就把播放头移到了指定的帧，或者单击帧格上的任意一帧，也会在标尺上跳转到与该帧相对应的帧数目位置。所有图层在这一帧的共同内容就是在工作区当前所看到的内容。

（4）插入帧

① 插入普通帧。制作动画时，根据需要常常要添加帧，比如作为背景的帧，如果只存在一帧，那么从第二帧开始的动画就没有了背景，因此，要为作为背景的帧继续添加相同的帧，在时间轴帧格需插入的位置单击鼠标右键，在弹出的快捷菜单中选择"插入帧"命令即可。也可以在菜单栏中选择"插入"→"时间轴"→"帧"选项，这样就可以将该帧持续一定的显示时间。

② 插入关键帧。系统默认第一帧为空白关键帧。如果要在关键帧后面再建立一个关键帧，在时间轴帧格需插入的位置单击鼠标右键，在弹出的快捷菜单中选择"插入关键帧"命令即可。也可以在菜单栏中选择"插入"→"时间轴"→"关键帧"选项。

如果要同时插入多个关键帧，只需用鼠标选择多个帧的单元格，单击鼠标右键，在弹出的快捷菜单中然后选择"插入关键帧"命令即可。

③ 插入空白关键帧。在时间轴帧格需插入的位置单击鼠标右键，在弹出的快捷菜单中选择"插入空白关键帧"命令即可。也可以在菜单栏中选择"插入"→"时间轴"→"空白关键帧"选项。

（5）移动和复制帧

在制作动画过程中，有时会将某一帧的位置进行调整，有时会将多个帧甚至一层上的所有帧整体移动，此时需用到"移动帧"的操作。首先选中要移动的帧，被选中的帧显示为黑色背景，然后按住鼠标左键拖动到需要移动到的新位置，释放左键，帧的位置即发生了变化。

如果要把帧直接复制到新位置，先选中需要复制的帧，再单击鼠标右键，在弹出的快捷菜单中选择"拷贝帧"命令，被复制的帧则放到剪帖板上，右键单击新位置，在弹出的快捷菜单中选择"粘贴帧"命令，即将所选择的帧复制到指定位置。

（6）删除帧

当不需要某些帧时，可将它删除。由于 Flash 中帧的类型不同，所以删除的方法也不同。

如果要删除的是关键帧，可以单击鼠标右键，在弹出的快捷菜单中选择"清除关键帧"命令。如果要删除的是普通帧或者是空白关键帧，可以单击鼠标右键，在弹出的快捷菜单中选择"删除帧"命令。

5.3 元件与元件实例

随着动画复杂度的提高，出现了两种情况：一是有些元素会重复使用；二是有些对象会要求有特殊的同步行为和交互行为。这时，就用到 Flash 中的元件，并通过元件来创建实例。元件是在 Flash 动画中可重复使用的对象。在当前 Flash 动画中重复使用的有图形、按钮或影片剪辑。使用元件可以明显减小动画文件大小，还可以加快动画的播放速度。

"库"面板则是管理元件的主要工具，每个动画文件都有自己的库，存放着各自的元件，就像每个工厂将材料存放在自己的仓库中一样。

元件实例是元件的一个应用。创建元件后，如果需要多次使用该元件，需将其拖动到舞台上，将其转换为元件实例。

5.3.1 元件的分类

在 Flash 中，元件包括图形、按钮、影片剪辑 3 类。每个元件都有一个唯一的时间轴和舞台。创建元件时要选择元件类型，这取决于元件在文档中的工作方式。三类元件如下：

1. 图形元件

用来创建重复使用的静态图形。

2. 按钮元件

用来创建动画的交互控制以响应鼠标的各种事件，如弹出、点击等。

3. 影片剪辑元件

用来创建重复使用的动画片段。影片剪辑元件拥有它们自己的独立于主时间轴的时间轴。影片剪辑元件可看作主时间轴内的嵌套时间轴，它们可以包含交互式控件、声音甚至其他影片剪辑实例。也可以将影片剪辑实例放在按钮元件的时间轴内，以创建动画按钮。

5.3.2 "库"面板

"库"面板用于存储和组织在 Flash 中所创建的元件以及导入的文件。"库"面板的相关操作如下。

1. 显示"库"面板

在菜单栏中选择"窗口"→"库"选项，则控制面板可以显示或者隐藏"库"面板。"库"面板如图 5-15 所示。

2. 在"库"面板中查看项目

当用户在"库"面板中选择一个元件时，该元件的内容就出现在窗口上部的预览界面中。如果选定的项目是动画或是声音文件，可以应用控制器进行预览的控制。

"库"面板的纵栏依次是列表项的名称、类型、在动画文件中使用的次数、链接和上一次修改的时间。可以在"库"面板中按任何项目排序，如单击纵栏项目头，可设置按照字母顺序等进行排列。如图 5-16 所示。

图 5-15 "库"面板

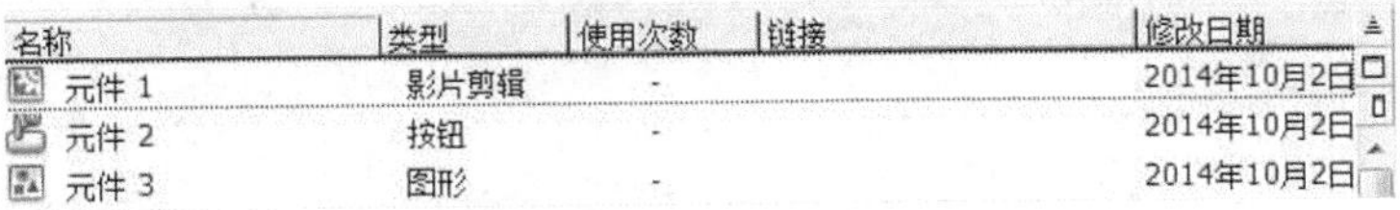

名称	类型	使用次数	链接	修改日期
元件 1	影片剪辑	-		2014年10月2日
元件 2	按钮	-		2014年10月2日
元件 3	图形	-		2014年10月2日

图 5-16　"库"面板中显示项目

5.3.3　创建元件和元件实例

1. 创建元件

创建元件有如下两种方法。

（1）创建空白的元件

在菜单栏中选择"插入"→"新建元件"选项，打开"创建新元件"对话框，在对话框中设置元件的名称和类型，单击【确定】按钮即可。如图 5-17 所示。

创建完成后，"库"面板中则增加新建的元件。

图 5-17　"创建新元件"对话框

（2）将舞台上的对象转换为元件

使用工具箱中的"选择工具" ![] 选中舞台上的对象，在菜单栏中选择"修改"→"转换为元件"选项或者使用【F8】快捷键，打开"创建新元件"对话框，在对话框中设置元件的名称和类型，然后设置注册点位置，单击【确定】按钮即可。

"注册点"是转换为元件之后的元件坐标原点。例如将注册点位置设置为"右上"，则转换为元件之后，元件的坐标原点将位于被选中的对象的右上方。

2. 创建元件实例

创建元件后，用鼠标按住并拖拽库中的元件到舞台上，则创建了该元件的实例。可以在动画文件中任何需要的地方（甚至在其他元件内）创建该元件的实例。

同一个元件可以有多个外观不同的实例，修改元件时，Flash 会自动更新元件的所有实例；而修改实例，不会影响到原来的元件。

下面通过一个例子来认识元件和元件实例的关系。

➢ 新建 Flash 文档，在菜单栏中选择"插入"→"新建元件"选项，在打开的"创建新元件"对话框中，修改名称为"多边形"，类型为"图形"，单击【确定】按钮。如图 5-18 所示。

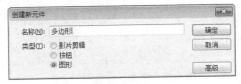

图 5-18　创建图形元件

➢ 此时的时间轴不是原来舞台的时间轴，而变成了"多边形"的时间轴，在舞台上方的编辑栏中，"场景 1"字样右侧增加"多边形"字样。如图 5-19 所示。

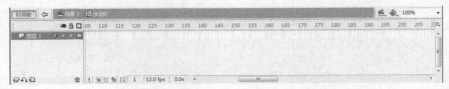

图 5-19　"多边形"的时间轴

➤ 在工具箱中选择"矩形工具" ▢，按住鼠标左键，在弹出
的选项中选择"多角星形工具"，如图 5-20 所示。

➤ 在舞台中绘制一个多边形，此时"库"面板中新增"多边形"
图形元件，如图 5-21 所示。

图 5-20　选择"多角星形工具"

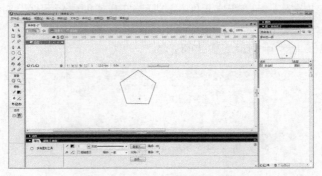

图 5-21　在舞台中绘制多边形

➤ 单击编辑栏中的"场景 1"，返回到原来的舞台，此时舞台上什么都没有。

➤ 用鼠标按住并拖拽库中的"多边形"图形元件到舞台上，连续拖拽 3 个。这 3 个多边形均
为"多边形"的实例。

➤ 使用工具箱中的"选择工具" ▸，选中舞台上的第 1 个多边形，用工具箱中的"任意变形
工具" ▤对它进行任意变形；同理对第 2 个多边形用"任意变形工具"进行变形。

➤ 此时可以看到，舞台上面的两个多边形的变化并不影响库中的"多边形"图形元件，也不
影响第 3 个多边形实例。如图 5-22 所示。

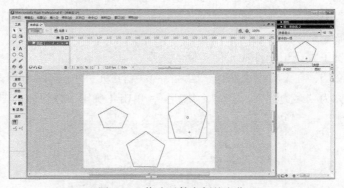

图 5-22　修改元件实例的变化

➤ 双击"库"面板中的"多边形"图形元件，切换至元件编辑状态，用"任意变形工具"修
改多边形的形状。如图 5-23 所示。

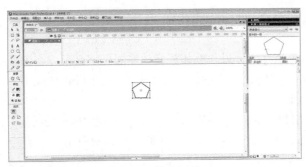

图 5-23　修改元件

➢ 单击编辑栏中的"场景 1"，退出元件编辑模式，返回到原来的舞台，可以看到 3 个实例均发生了变化。如图 5-24 所示。

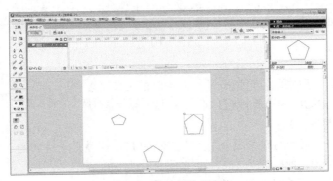

图 5-24　修改元件的变化

3. 编辑元件

使用工具箱中的"选择工具"双击舞台上的实例，或者鼠标右键单击实例，在弹出的菜单中选择"在当前位置编辑"命令，则进入元件编辑模式，而其他对象以灰显方式出现。正在编辑的元件名称显示在舞台上方的编辑栏内，位于当前场景名称的右侧。

4. 设置元件实例的颜色

使用"选择工具"选中舞台上的一个元件实例，然后在菜单栏中选择"窗口"→"属性"→"属性"选项，打开"属性"面板。"属性"面板的右侧显示"颜色"下拉菜单，如图 5-25 所示。

图 5-25　设置元件实例的颜色

在"颜色"下拉菜单中有 5 个选项，分别为无、亮度、色调、Alpha 和高级。

（1）无

选择"无"，则不应用任何颜色效果。

（2）亮度

选择"亮度"，则修改元件的亮度。"亮度"调节图像的相对亮度或暗度，度量范围为从黑

（-100%）到白（100%），亮度为 0 表示无效果。

（3）色调

色调给元件加上颜色偏移的效果。例如让元件变绿，那么可以将偏移颜色设置为绿色，再将其后面的偏移值设置成一个正数，那么舞台上的图形就带上绿色效果了。

（4）不透明度（Alpha）

Alpha 值的作用是控制对象的不透明度。当 Alpha 值为 100%的时候，对象是完全不透明的，没有任何效果；当 Alpha 值小于 100%而大于 0 的时候，对象是半透明的；当 Alpha 值等于 0 的时候，对象就变成完全透明的。

（5）高级

选择"高级"后，则在后面出现【设置】按钮。单击【设置】按钮，可进行高级设置。

在这里简单介绍一下计算的方法。假设有一个颜色为"#CCFF33"，Alpha 值为 90 的点，应用了图 5-26 中的设置，则会变成什么颜色？

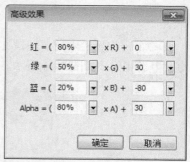

图 5-26　修改元件颜色的高级选项

可以分为以下 4 步。

➤ 计算红色成分。原来的红色成分是十六进制的 CC，也就是十进制的 204，按图中的换算规则是乘以 80%，取整后为 163，也就是十六进制的 A3。

➤ 计算绿色成分。原来的绿色成分是十六进制的 FF，也就是十进制的 255，按图中的换算规则是乘以 50%再加上 30，取整后为 158，也就是十六进制的 9E。

➤ 计算蓝色成分。原来的蓝色成分是十六进制的 33，也就是十进制的 51，按图中的换算规则是乘以 20%再加上-80，取整后为-70。但是颜色值的取值范围是 0～255，所以只能取最小值 0。

➤ 计算 Alpha 值。原来的 Alpha 值是十进制的 90，按图中的换算规则是乘以 80%再加上 30，结果是 102。但是 Alpha 值的取值范围是 0～100，所以只能取最大值 100。

最后综合上面的计算结果，可以得到应用效果后的颜色值为"#A39E00"，Alpha 值为 100。

5. 设置元件实例的循环方式

选中元件实例之后，在"属性"面板的中部可以设置元件实例的循环方式，共有 3 种循环方式供选择，如图 5-25 所示。在"第一帧"文本框中，可以设置动画的起始帧。

各种循环方式的特点如下。

● 循环：播放到最后一帧之后，又回到开头继续播放。

● 播放一次：播放到最后一帧后，停止播放。

● 单帧：只显示一帧。

5.3.4　创建元件举例

1. 使用图形元件

创建图形元件有两种方法。

（1）创建空白的图形元件

在菜单栏中选择"插入"→"新建元件"选项，打开"创建新元件"对话框，在对话框中设置元件的名称，并将元件的类型设置为"图形"，单击【确定】按钮即可。

（2）将舞台上的对象转换为图形元件

使用工具箱中的"选择工具" ![] 选中舞台上的对象，在菜单栏中选择"修改"→"转换为元件"选项或者使用【F8】快捷键，打开"创建新元件"对话框，在对话框中设置元件的名称，并将元件的类型设置为"图形"，然后设置注册点位置，单击【确定】按钮即可。

例：使用图形元件制作花瓣的 Flash 动画。

步骤如下。

➢ 启动 Flash 8 应用程序，在菜单栏中选择"文件"→"新建"选项，即可创建一个新的 Flash 动画文件。

➢ 在菜单栏中选择"插入"→"新建元件"选项，弹出"创建新元件"对话框，如图 5-27 所示，修改名称为"花瓣"，类型为"图形"，单击【确定】按钮即可进入花瓣元件的编辑窗口。

图 5-27　创建花瓣元件

➢ 选择工具箱中的"椭圆工具"，修改"属性"面板中的笔触颜色为无，填充颜色为粉红色（#FFCCCC），如图 5-28 所示。

➢ 在舞台中画出一个椭圆，如图 5-29 所示。

图 5-28　修改椭圆工具的属性　　　　　图 5-29　在舞台画出椭圆

➢ 单击编辑栏中的"场景 1"，返回场景 1 的舞台，在"库"面板中选中"花瓣"元件，将其拖动到场景 1 的舞台中。

➢ 选择工具箱中的"任意变形工具"，选中花瓣，将中心点移到花瓣底部，如图 5-30 所示。

➢在菜单栏中选择"窗口"→"变形"选项，打开"变形"面板，如图 5-31 所示，修改旋转度数为"72.0 度"，然后单击【复制并应用变形】按钮 ![] 4 次，效果如图 5-32 所示。

图 5-30　修改花瓣的中心点　　图 5-31　设置旋转度数　　　　图 5-32　花瓣

➢ 按【Ctrl+A】组合快捷键，选中所有花瓣，在菜单栏中选择"修改"→"组合"选项，花瓣制作完成。

➢ 按【Ctrl+Enter】组合快捷键，预览制作的花瓣 Flash 动画。

➢ 按【Ctrl+S】组合快捷键保存动画。

2. 使用影片剪辑元件

创建影片剪辑元件有两种方法。

（1）创建空白的影片剪辑元件

在菜单栏中选择"插入"→"新建元件"选项，打开"创建新元件"对话框，在对话框中设置元件的名称，并将元件的类型设置为"影片剪辑"，单击【确定】按钮即可。

（2）将舞台上的对象转换为影片剪辑元件

使用工具栏中的"选择工具" 选中舞台上的对象，在菜单栏中选择"修改"→"转换为元件"选项或者使用【F8】快捷键，打开"创建新元件"对话框，在对话框中设置元件的名称，并将元件的类型设置为"影片剪辑"，然后设置注册点位置，单击【确定】按钮即可。

例：使用影片剪辑元件制作闪动的五角星的 Flash 动画。

步骤如下。

➢ 启动 Flash 8 应用程序，在菜单栏中选择"文件"→"新建"选项，即可创建一个新的 Flash 动画文件

➢ 在菜单栏中选择"插入"→"新建元件"选项，弹出"创建新元件"对话框，如图 5-33 所示，修改名称为"五角星"，类型为"影片剪辑"，单击【确定】按钮即可进入五角星元件的编辑窗口。

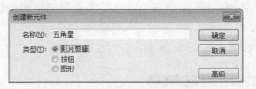

图 5-33　创建影片剪辑元件

➢ 选择图层 1 中的第 1 帧，使用工具箱中的"多角星形工具"，修改"属性"面板中的笔触颜色为无，填充颜色为红色，如图 5-34 所示。

图 5-34　设置多角星形的颜色

➢ 在"属性"面板中单击【选项】按钮，弹出"工具设置"对话框，设置"样式"为"星形"，如图 5-35 所示，单击【确定】按钮。

➢ 在舞台中绘制一个五角星，如图 5-36 所示。

图 5-35　设置样式为星形　　　　图 5-36　绘制五角星

➢ 在帧格中选择图层 1 中的第 3 帧，单击鼠标右键，在弹出的快捷菜单中选择"插入关键帧"命令。

➢ 在帧格中选择图层 1 中的第 5 帧，单击鼠标右键，在弹出的快捷菜单中选择"插入关键帧"命令。

➢ 在帧格中选择图层 1 中的第 3 帧，在菜单栏中选择"窗口"→"变形"选项，打开"变形"窗口，如图 5-37 所示，设置宽度为 50.0%，高度为 50.0%，按【Enter】键。

图 5-37　修改五角星的大小

➢ 单击编辑栏中的"场景 1"，返回场景 1 的舞台，在"库"面板中选中"五角星"元件，将其拖动到场景 1 的舞台中，连续拖动两次。如图 5-38 所示。

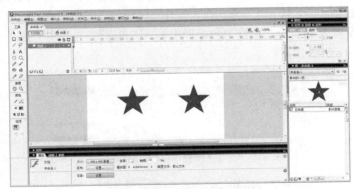

图 5-38　创建五角星的元件实例

➢ 按【Ctrl+Enter】组合快捷键，预览闪动的五角星 Flash 动画。
➢ 按【Ctrl+S】组合快捷键保存动画。

3.　使用按钮元件

按钮元件是四帧的交互对象。在 Flash 的发展过程中，按钮是最早用于交互控制的元素。

在菜单栏中选择"插入"→"新建元件"选项，打开"创建新元件"对话框，在对话框中设置元件的名称，并将元件的类型设置为"按钮"，单击【确定】按钮，Flash 8 会创建一个四帧的时间轴，前三帧显示按钮的 3 种可能状态，第四帧定义按钮的活动区域。时间轴实际上并不播放，它只是对指针运动和动作做出反应，跳到相应的帧。具体地说，按钮元件的时间轴上的每一帧都有一个特定的功能。如图 5-39 所示。

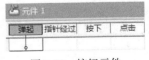

图 5-39　按钮元件

第一帧是"弹起"状态，代表指针没有经过按钮时该按钮的状态。
第二帧是"指针经过"状态，代表当指针滑过按钮时，该按钮的外观。
第三帧是"按下"状态，代表单击按钮时，该按钮的外观。

第四帧是"点击"状态，定义响应鼠标单击的区域。此区域在 SWF 文件中是不可见的。

如果按钮上的某个帧是缺失的（注意，不是空白关键帧），那么 Flash 将会在该帧插入普通帧，所以该帧的内容将与它前面的关键帧相同。

例：使用按钮元件制作 play 按钮。

步骤如下。

➢ 启动 Flash 8 应用程序，在菜单栏中选择"文件"→"新建"选项，即可创建一个新的 Flash 动画文件。

➢ 在菜单栏中选择"插入"→"新建元件"选项，弹出"创建新元件"对话框，如图 5-40 所示，修改名称为"play"，类型为"按钮"，单击【确定】按钮即可进入按钮元件的编辑窗口。

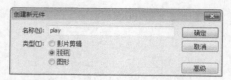

图 5-40   新建按钮元件

➢ 选择工具箱中的"矩形工具"，在"属性"面板中，将"笔触颜色"设置为无，"填充颜色"设置为黑色。完成后在舞台中绘制一个黑色矩形。此时"弹起"状态从空白关键帧变为关键帧。

➢ 选择工具箱中的"文本工具" Ａ，在"属性"面板中，将"文本（填充）颜色"设置为白色，"字体大小"设置为 32。完成后在黑色矩形中输入"play"，并使用"选择工具"调整文本的位置。效果如图 5-41 所示。

图 5-41   按钮元件的弹起状态

➢ 选中时间轴的"指针经过"帧，单击鼠标右键，选择"插入关键帧"。使用工具箱中的"选择工具"选中矩形，在"属性"面板中，将"填充颜色"修改为蓝色。使用工具箱中的"选择工具"选中文本，在"属性"面板中，将"文本（填充）颜色"修改为黄色。如图 5-42 所示。

图 5-42   按钮元件的指针经过状态

➤ 选中时间轴的"按下"帧，单击鼠标右键，选择"插入关键帧"。将矩形的"填充颜色" 修改为绿色，将"文本（填充）颜色"修改为红色。如图 5-43 所示。

➤ 选中时间轴的"点击"帧，单击鼠标右键，选择"插入关键帧"。选择"矩形工具"，将"填充颜色"设置为紫色，在舞台绘制一个紫色矩形使其覆盖原始矩形，此时矩形所覆盖的区域作为按钮的有效点击区。如图 5-44 所示。

图 5-43　按钮元件的按下状态

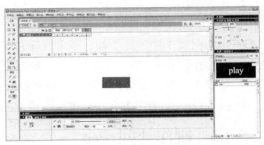
图 5-44　按钮元件的有效点击区

➤ 单击编辑栏中的"场景 1"，返回场景 1 的舞台，在"库"面板中选中"play"元件，将其拖动到场景 1 的舞台中。

➤ 按【Ctrl+Enter】组合快捷键，预览按钮元件的 Flash 动画。

➤ 按【Ctrl+S】组合快捷键保存动画。

5.4　Flash 动画的制作

Flash 动画分为逐帧动画和补间动画两类。

逐帧动画是指在时间帧上逐帧绘制帧内容，当快速移动的时候，利用人的视觉的暂留现象，形成流畅的动画效果。由于是一帧一帧的画，所以逐帧动画具有非常大的灵活性，几乎可以表现任何想表现的内容。

逐帧动画在时间轴上表现为连续的关键帧。如图 5-45 所示。

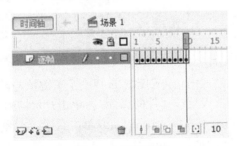
图 5-45　逐帧动画

补间动画是 Flash 中非常重要的表现手法之一，可以运用它制作出奇妙的效果。补间动画至少有两个关键帧，设计者创建起始帧和结束帧，中间帧可由 Flash 8 根据起始帧和结束帧之间的对象大小、旋转和颜色等属性自动生成。补间动画一般分为动作补间动画和形状补间动画两种。

5.4.1　制作逐帧动画

例：制作一个红色圆向右移动的逐帧动画。

步骤如下。

➢ 启动 Flash 8 应用程序，在菜单栏中选择"文件"→"新建"选项，新建一个 Flash 动画文件。

➢ 单击图层 1 中的第 1 帧，选择工具箱中的"椭圆工具"○，在"属性"面板中，将"笔触颜色"设置为无，"填充颜色"设置为红色。然后按住【Shift】键，在舞台左侧中绘制一个红色圆。

➢ 单击图层 1 中的第 2 帧，单击鼠标右键，选择"插入关键帧"，然后使用"选择工具"选中红色圆，用鼠标或者键盘上的方向键调整舞台中的红色圆的位置，使之向右侧移动一段距离。

➢ 重复上一步的方法，再插入 8 个关键帧，并设置每帧的红色圆的位置。

➢ 按【Ctrl+Enter】组合快捷键，预览逐帧动画并保存动画。

5.4.2　制作补间动画

1. 动作补间动画

（1）动作补间动画的概念

在 Flash 时间轴上的一个关键帧放置一个元件，然后在另一个关键帧变换这个元件的大小、颜色、位置、透明度等，Flash 根据二者之间的帧值创建的动画被称为动作补间动画。

（2）构成动作补间动画的元素

构成动作补间动画的元素是元件，它包括影片剪辑、图形元件、按钮等。其他元素不能创建动作补间动画，都必须先转换成元件，只有转换成元件后才可以做动作补间动画。

（3）动作补间动画在时间轴面板上的表现

动作补间动画建立后，时间轴面板的背景色变为淡紫色，在起始帧和结束帧之间产生一个长长的箭头。如图 5-46 所示。

图 5-46　动作补间动画

（4）创建动作补间动画的方法

在时间轴面板上动画开始播放的地方创建或选择一个关键帧并设置一个元件，在动画要结束的地方创建或选择一个关键帧并设置该元件的属性，再单击开始帧到结束帧中的任意一帧，在"属性"面板上"补间"的下拉列表中选择"动画"，或单击右键，在弹出的快捷菜单中选择"新建补间动画"，就建立了动作补间动画。

例：制作一个绿色圆从舞台左边移动到舞台右边的动作补间动画。

步骤如下。

➢ 启动 Flash 8 应用程序，在菜单栏中选择"文件"→"新建"选项，新建一个 Flash 动画文件。

➢ 在菜单栏中选择"插入"→"新建元件"选项，弹出"创建新元件"对话框，修改名称为"圆"，类型为"图形"，单击【确定】按钮即可进入"圆"元件的编辑窗口。

➢ 单击图层 1 中的第 1 帧，选择工具箱中的"椭圆工具" ○，在"属性"面板中，将"笔触颜色"设置为无，"填充颜色" 设置为绿色。然后按住【Shift】键，在舞台中绘制一个绿色圆。

➢ 单击编辑栏中的"场景 1"，返回场景 1 的舞台，在"库"面板中选中"圆"元件，将其拖动到场景 1 的舞台左侧。

➢ 单击图层 1 中的第 20 帧，单击鼠标右键，选择"插入关键帧"，然后使用"选择工具"选中绿色圆，将其移动到舞台右侧。

➢ 单击 1~20 帧中的任意一帧（比如第 3 帧），在"属性"面板中，设置"补间"为"动画"。如图 5-47 所示。

图 5-47　设置动作补间

➢ 按【Ctrl+Enter】组合快捷键，预览动作补间动画并保存。

2．形状补间动画

（1）形状补间动画的概念

在 Flash 时间轴面板上的某一个关键帧绘制一个形状，然后在另一个关键帧更改该形状或绘制另一个形状，Flash 根据二者之间帧的值或形状来创建的动画被称为形状补间动画。

（2）构成形状补间动画的元素

形状补间动画可以实现两个图形之间颜色、形状、大小、位置的相互变化，其变形的灵活性介于逐帧动画和动作补间动画之间，使用的元素为用鼠标绘制出的形状，如果使用图形元件、按钮或文字，必须先"打散"再变形。

（3）形状补间动画在时间轴面板上的表现

形状补间动画建好后，时间轴面板的背景色变为淡绿色，在起始帧和结束帧之间产生一个长长的箭头。如图 5-48 所示。

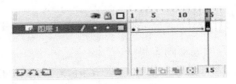

图 5-48　形状补间动画

（4）创建形状补间动画的方法

在时间轴面板上动画开始播放的地方创建或选择一个关键帧并设置要开始变形的形状，在动画结束处创建或选择一个关键帧并设置要变成的形状，再单击开始帧到结束帧中的任意一帧，在"属性"面板上"补间"的下拉列表中选择"形状"，此时一个形状补间动画就创建完毕。

例：制作一个绿色圆变换成红色矩形的形状补间动画。

步骤如下。

➢ 启动 Flash 8 应用程序，在菜单栏中选择"文件"→"新建"选项，新建一个 Flash 动画文件。

➢ 单击图层 1 中的第 1 帧，选择工具箱中的"椭圆工具"，在"属性"面板中，将"笔触颜色"设置为无，"填充颜色" 设置为绿色。然后按住【Shift】键，在舞台左侧绘制一个绿色圆。

➢ 单击图层 1 中的第 25 帧，单击鼠标右键，选择"插入空白关键帧"。然后选择工具箱中的"矩形工具"，在"属性"面板中，将"笔触颜色"设置为无，"填充颜色"设置为红色，在舞台右侧绘制一个红色矩形。

➢ 单击 1~25 帧中的任意一帧（比如第 15 帧），在"属性"面板中，设置"补间"为"形状"。如图 5-49 所示。

图 5-49　设置形状补间

➢ 按【Ctrl+Enter】组合快捷键，预览形状补间动画并保存。

习　题

一、选择题

1. 下列格式中，不属于动画的格式的为（　　）。

　　A．MP3　　　　　　B．GIF　　　　　　C．SWF　　　　　　D．FLC

2. 下列哪个软件不属于动画编辑软件（　　）。

　　A．Swish　　　　　B．Flash8　　　　　C．Maya　　　　　　D．CoolEdit

3. 在 Flash8 中，使用（　　）快捷键，打开"新建文档"对话框。

　　A．Ctrl+A　　　　　B．Ctrl+C　　　　　C．Ctrl+N　　　　　D．Ctrl+V

4. 在 Flash8 中，Flash 文档默认保存为（　　）格式。

　　A．FLC　　　　　　B．FLA　　　　　　C．GIF　　　　　　D．SWF

5. 下列工具中，哪个工具是文本工具（　　）。

　　A．🖌　　　　　　B．✏　　　　　　C．**A**　　　　　　D．🖋

6. 按下（　　）快捷键，可预览动画效果。

　　A．Ctrl+C　　　　　B．Ctrl+Enter　　　C．Ctrl+X　　　　　D．Ctrl+V

7. （　　）是 Flash 动画中最小单位的单幅画面。

　　A．帧　　　　　　　B．场景　　　　　　C．元件　　　　　　D．镜头

8. （　　）是在动画播放过程中，呈现出关键性动作或者变化内容的帧。

　　A．普通帧　　　　　B．空白帧　　　　　C．关键帧　　　　　D．空白关键帧

9. （　　）主要作用是过滤和延长动画内容显示的时间。

　　A．普通帧　　　　　B．空白帧　　　　　C．关键帧　　　　　D．空白关键帧

10. 在时间轴中，（　　）以实心的圆点●表示。

　　A．普通帧　　　　　B．空白帧　　　　　C．关键帧　　　　　D．空白关键帧

11. 在时间轴中，（　　）以空心圆点○表示。

  A．普通帧   B．空白帧   C．关键帧   D．空白关键帧

12．3 种类型的元件中，不包括下面哪种？（   ）

  A．图形元件   B．声音元件   C．按钮元件   D．影片剪辑元件

13．（   ）元件用来创建动画的交互控制以响应鼠标的各种事件。

  A．图形元件   B．声音元件   C．按钮元件   D．影片剪辑元件

14．Alpha 值的作用是控制对象的不透明度。当 Alpha 值（   ）的时候，对象是完全透明的。

  A．小于 0   B．等于 0   C．大于 0 小于 100%   D．等于 100%

15．按钮元件中，（   ）状态代表指针没有经过按钮时该按钮的状态。

  A．弹起   B．指针经过   C．按下   D．点击

16．补间动画至少要有（   ）个关键帧。

  A．1   B．2   C．3   D．4

17．构成动作补间动画的元素必须是（   ）。

  A．元件   B．元件实例   C．图形元件   D．按钮元件

18．在 Flash8 中，创建动作补间动画时，需在"属性"面板上"补间"的下拉列表中选择（   ）。

  A．无   B．动作   C．动画   D．形状

19．动作补间动画建立后，时间轴面板的背景色变为（   ），在起始帧和结束帧之间产生一个长长的箭头。

  A．红色   B．淡绿色   C．淡蓝色   D．淡紫色

20．形状补间动画建立后，时间轴面板的背景色变为（   ），在起始帧和结束帧之间产生一个长长的箭头（   ）。

  A．红色   B．淡绿色   C．淡蓝色   D．淡紫色

二、填空题

1．按照计算机动画的制作原理，将计算机动画分为＿＿＿＿＿＿＿和＿＿＿＿＿＿＿两类。

2．根据性质的不同，可以把帧分为＿＿＿＿＿＿＿、＿＿＿＿＿＿＿和＿＿＿＿＿＿＿。

3．所有参与动画的对象必须存放在＿＿＿＿＿＿＿中。

4．若在空白关键帧中添加对象，则空白关键帧变成＿＿＿＿＿＿＿。

5．＿＿＿＿＿＿＿指示当前显示在舞台中的帧，将播放头沿着时间轴移动，可以轻易地定位当前帧。

6．＿＿＿＿＿＿＿是在 Flash 动画中可重复使用的对象。

7．＿＿＿＿＿＿＿面板是管理元件的主要工具。

8．在 Flash 中，元件包括＿＿＿＿＿＿＿、＿＿＿＿＿＿＿、＿＿＿＿＿＿＿3 类。

9．＿＿＿＿＿＿＿动画在时间轴上表现为连续的关键帧。

10．补间动画一般分为＿＿＿＿＿＿＿和＿＿＿＿＿＿＿两种。

三、简答题

1．动画和计算机动画的概念是什么？

2．什么叫视觉暂留？

3．二维动画和三维动画的概念是什么？

4．根据性质的不同，帧分成哪几种？

5．逐帧动画和补间动画的概念是什么？

第6章
视频处理技术

数码视频的最大魅力在于其可编辑性，目前多采用非线性编辑进行编辑，即对视频及音频素材进行随机快捷地存取、修改，改变视频素材的时间顺序、长短并合成新的剪辑。本单元将介绍视频处理的相关知识。

通过本章的学习，读者应掌握以下知识。

- 视频处理的基础知识。
- 常用的视频处理软件。
- Premiere Pro2.0 的基本操作。
- 影视非线性编辑的工作流程。
- Premiere Pro2.0 素材管理。

6.1 视频处理的基础知识

在数码技术不断发展的今天，越来越多的家庭有数码相机、数码摄像机等娱乐影像设备，越来越多的人自己拍摄生活相片和生活短片。

6.1.1 视频类型

视频是指构成电影和电视的活动影像。一般指的是可视信号，它包括一切能在显示设备上显示的信息，如文字、线条、符号、图像和色彩等。视频可分为模拟视频和数字视频两种。电视和电影都是利用眼睛的视觉暂留的生理现象，在一秒钟内快速播放 24 或者 30 个静态画面，从而在人的视觉神经系统中形成活动的画面。

1. 模拟视频

模拟视频是指采用电子学的方法传送和显示活动景物或静止图像，即指通过电磁信号上的变化显示图像和传播声音信息。大多数家用电视机和录像机的显示都是模拟视频，如 PAL 制式和 NTSC 制式的视频信号。它是通过不同的电压值表示不同信息的。

2. 数字视频

使用摄像机之类的视频摄录设备，将外界影像转变为电信号记录至存储介质中，再通过"数字/模拟"转换器，转变电信号为由 0 和 1 组合成的数字信号，并以视频文件格式保存，这种传送方式显示的视频称为"数字视频"。

通过"数字/模拟"转换器将电信号转变为数字信号的转变过程称为"采集过程"。如果想要在电视机上观看数字视频，需要由数字信号到模拟信号的"数字/模拟"转换器将二进制信息解码成模拟信号才能正确播放。

6.1.2　电视制式

电视制式以帧频、场频、信道宽度以及隔行扫描方式作为基本技术要求和参数。在发送端和接收端还必须采取某种特定的信号处理方式，从而构成了具有不同特点的各种彩色电视制式。

从传送信号的时间关系方面来看，彩色电视制式可分为顺序制、同时制和顺序—同时制。

① 顺序制。三基色信号按一定的顺序轮换传送。它又可分为场顺序制、行顺序制和点顺序制。优点是设备简单、彩色图像质量好；缺点是兼容性差、占用频带较宽。

② 同时制。携带彩色图像信号的亮度信号和两个色差信号是同时传送的。优点是兼容性好、占用频带较窄、彩色图像质量好；缺点是设备较为复杂、亮度信号和色度信号两者之间往往相互干扰。

③ 顺序—同时制。上述两者的结合，优缺点和同时制类似。

NTSC 制式是 1952 年由美国国家电视制定委员会制定的彩色电视广播标准。在美国、加拿大、日本、韩国、菲律宾等国家和我国台湾地区都是使用这种制式。

PAL 制式是由西德在 1962 年制定的彩色电视标准，它克服了 NTSC 制式由于相位敏感造成的敏感失真这一缺点。在德国、英国、新加坡、中国及中国香港、澳大利亚、新西兰等国家和地区采用的就是这种制式。PAL 制式的影片是由一张张连续的图片所组成的，每幅图片就是一帧。PAL 制式是每秒 25 帧图像，而 NTSC 制式是每秒 29.97 帧图像。

20 世纪 20 年代以来，各国曾研制了许多制式。自 50 年代彩色电视问世以来，实际应用的只有属于同时制的 NTSC 制和 PAL 制，以及属于顺序—同时制的 SECAM 制。这 3 种制式都采用了与黑白电视兼容的亮度信号，因此，它们的区别主要是在两个色差信号对副载波的调制方式上。下面分别对这 3 种制式做一个简单介绍。

① NTSC 制。这是 1953 年美国研制成功的一种彩色电视制式。由于它是对两个色差信号采用正交平衡调幅后，与亮度信号一起传送的，所以又叫正交平衡调幅制。

NTSC 制式的优点是接收机简单、最佳图像质量高、信号处理方便等；缺点是由于传输通道的非线性易引起微分相位失真，而使接收端色调失真。

② PAL 制。这是 1962 年德国研制成功的一种彩色电视制式。研制该制式的目的是为了克服 NTSC 制式的相位敏感性。

③ SECAM 制。这是法国 1956 年提出、1966 年定型的一种彩色电视制式。在该制式中，色差信号（R-Y）和（B-Y）是逐行顺序传送的。由于同时只传送一个信号，所以避免了串色和失真。

6.1.3　数码摄像机介绍

摄像机是将景物光像变成电视信号的光电转换设备。图 6-1 所示为三管摄像机的组成示意图。可以看出，摄像机主要由光学机构、摄像器件、电路处理和自动调整系统、录像器、机械系统等部分组成。

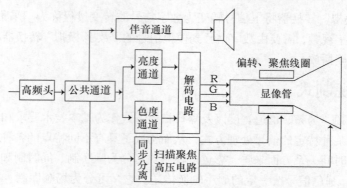

图 6-1　三管摄像机的组成

根据三基色原理，摄像机将彩色景物的光像通过光学机构分解为红（R）、绿（G）、蓝（B）3 种基色光信号，通过光电变换器件转换为电信号，然后经预放、处理、编码形成彩色全电视信号。摄像机将编码输出的信号再经录像部分电路系统放大、变换等处理后，通过轴向旋转磁头记录在磁带上。

摄像机光学系统机构主要有 3 个功能：景物成像、基色分光和色温校正。

景物成像由变焦距镜头来完成。通过任意改变焦距，使放大率或视场角改变。利用这种镜头，可以使摄像机在固定的位置对所摄图像的取景大小连续变化，增强艺术效果。

变焦距镜头由调焦组、变焦组、补偿组、后固定组等多种组合透镜组成，每组透镜又由多个不同曲率、不同材料的透镜片组成，以便较正镜头机构中的像差和色差。

电视摄像机是电视系统中将景物光像变成电视图像信号的关键设备。它所采用的摄像器可分为摄像管和固体摄像器件两类，它们都利用某一种光电效应，将景物的光像转换成电荷，构成相应的像素，在微小电容中暂时存贮。摄像管是利用电子束对像素进行扫描，读取这些暂时存贮的电荷，形成电视图像信号。固体摄像器件是利用电荷转移方式读取像素中的电荷。

摄像机的种类很多，分类方法也各异。按记录 VF、AF 信号方式，可分为模拟和数字两类。模拟摄像机发展已较成熟，但质量很难再提高，而且模拟视频处理设备的价格很昂贵。近年来，随着数字技术的进步迅猛发展起来的数字摄像机，图像质量较高，易与计算机接口相连，数字处理灵活方便，性价比也明显优于模拟摄像机。

按摄像器件可分为摄像管摄像机和固体器件摄像机。采用这种图像传感器的摄像机具有图像质量好、可靠性高、体积小等特点。除广播级摄像机外，家用摄像机也已普遍采用 CCD 摄像器件。

按摄像器件数目分，采用摄像管的摄像机分别称为三管机或单管机，采用固体器件的摄像机分别称为三片机或单机。三管机是将摄像镜头的光像经分光系统分成红（R）、绿（G）、蓝（B）3 路光像，再分别经 3 只摄像管光电变换后处理成彩色电视信号。而单管机是在摄像器件前设置一个分色光栅，使输入的光信号先经分色光栅变成光学调制信号，光电变换后形成调制的电信号，再通过特殊电路进行分色处理，编码成彩色全电视信号。

按用途分，可分为广播级摄像机、专业级摄像机和家用级摄像机；按使用场合分，可分为演播室用摄像机、便携式摄像机和两用摄像机；按照度分，可分为普通摄像机、低照度摄像机和微光摄像机；按光谱范围分，可分为可见光摄像机、红外摄像机、X 射线摄像机和紫外线摄像机；按记录媒体分，可分为磁带、硬盘、光盘摄像机；按分辨率分，可分为一般分辨型、高分辨型摄像机；按功能分，可分为机板型、针孔型、鱼眼型、网络型摄像机。

数字摄像机是在模拟摄像机的基础上发展起来的。所谓数字摄像机是指信号在扫描、变换、传输过程中采用数字技术描述和处理，并且有数字信号输出接口的摄像机。那种仅仅为了增加功能，提高图像质量而部分采用数字电路技术、输出模拟复合或模拟分量信号的摄像机不能称为数字摄像机。数字摄像机灵活轻便的结构、卓越的图像质量和丰富多彩的功能是模拟摄像机根本无法比拟的。

数字摄像机中几乎所有的电位器都用微电脑存贮器代替，因而性能特别稳定。这种高稳定性和设定磁卡的优越性相结合，无论色温、湿度、震动等各种环境条件如何变化，都能够自动、精确、确定地重新调整、设置好摄像系统。另外，数字摄像机均设置自动诊断系统，可随时检测数字处理中及使用中的种问题，并在寻像器上告警显示，使操作维护更加方便、可靠。

随着数字化技术、计算机技术、超大规模集成电路技术以及 CCD 技术的发展，摄像机的功能也日新月异，丰富多彩。各大摄像机生产厂家几乎每年都推出一项或若干项新功能，适应市场竞争的需要。

6.1.4　常见视频技术专有名词

视频处理中，会出现一些视频技术专有名词。下面介绍一些常见的视频技术专有名词。

1.　分辨率

分辨率就是帧的大小，表示单位区域中垂直和水平的像素数值，一般单位区域中像素数值越大图像显示越清晰，分辨率也就越高。

2.　帧和场

帧是视频技术常用的最小单位，一帧是由两次扫描获得的一幅完整图像的模拟信号。视频信号的每次扫描称为场。例如，PAL 制每秒显示 25 帧，即每秒扫描 50 场。一帧电视信号称为一个全电视信号，它又由奇数场行信号和偶数场行信号依顺序构成。

视频信号扫描的过程是从图像左上角开始，水平向右到达图像右边后迅速返回左边，并另起一行重新扫描。这种从一行到另一行的返回过程称为水平消隐。每一帧扫描结束后，扫描点从图像的右下角返回左上角，再开始新的一帧的扫描。从右下角返回左上角的时间间隔称为垂直消隐。

逐行扫描是从显示屏左上角一行接一行地扫到右下角，扫描一遍可得到一幅完整的图像；隔行扫描是先扫描奇数场，电子束扫完第一行后回到第三行行首接着扫描。

3.　复合视频信号

复合视频信号包括亮度和色度的单路模拟信号，即从全电视信号中分离出伴音后的视频信号，色度信号间插在亮度信号的高端。这种信号一般可通过电缆输入或输出至视频播放设备上。由于该视频信号不包含伴音，与视频输入端口、输出端口配套使用时还需要设备音频输入端口和输出端口，以便同步传输伴音，因此复合式视频端口也称 AV 端口。

6.1.5　数字视频的基本概念

1.　模拟信号与数字信号

模拟数据（Analog Data）是由传感器采集得到的连续变化的值，例如温度、压力，以及目前在电话、无线电和电视广播中的声音和图像。数字数据（Digital Data）则是模拟数据经量化后得到的离散的值，例如在计算机中用二进制代码表示的字符、图形、音频与视频数据。目前，ASCII 美国信息交换标准码（American Standard Code for Information Interchange）已为 ISO 国际标准化组织和 CCITT 国际电报电话咨询委员会所采纳，成为国际通用的信息交换标准代码，使用 7 位二进制数来表示一个英文字母、数字、标点或控制符号；图形、音频与视频数据则可分别采用多种编码格式。

（1）模拟信号与数字信号

不同的数据必须转换为相应的信号才能进行传输。模拟数据一般采用模拟信号，例如用一系列连续变化的电磁波或电压信号来表示；数字数据则采用数字信号，例如用一系列断续变化的电压脉冲或光脉冲来表示。 当模拟信号采用连续变化的电磁波来表示时，电磁波本身既是信号载体，同时作为传输介质；而当模拟信号采用连续变化的信号电压来表示时，它一般通过传统的模拟信号传输线路来传输。 当数字信号采用断续变化的电压或光脉冲来表示时，一般则需要用双绞线、电缆或光纤介质将通信双方连接起来，才能将信号从一个节点传到另一个节点。

（2）模拟信号与数字信号之间的相互转换

模拟信号和数字信号之间可以相互转换。模拟信号一般通过 PCM 脉码调制方法量化为数字信号，即让模拟信号的不同幅度分别对应不同的二进制值，例如采用 8 位编码可将模拟信号量化为 2^8=256 个量级，实用中常采取 24 位或 30 位编码；数字信号一般通过对载波进行移相的方法转换为模拟信号。 计算机、计算机局域网与城域网中均使用二进制数字信号，目前在计算机广域网中实际传送的则既有二进制数字信号，也有由数字信号转换而得的模拟信号。但是更具应用发展前景的是数字信号。

2. 二进制和比特

数字信息的最小度量单位叫"比特"，有时也叫"位"，意即二进制的一位。在媒体中传输的讯号是以比特的电子形式组成的数据。

比特的定义：bit 一词是由 binary（二进制的）和 digit（数字）两个词压缩而成的，所以 bit 即"二进制数字"，亦即 0 和 1。

除了"比特"，还经常会遇到几个数字信息度量单位。字节（byte）是一种比"比特"更抽象或是高级的度量单位，一般来说，一个字节有 8 位，即 8 个比特。比特通常用于数据在网络上传输的情况，例如一条电话线一秒钟可以传送 9600 比特的二进制流，而不是说 1200 字节。字节通常用在数据的存储系统中，比如说这个文件的大小是 2M，这里指的是字节而不是比特，又如是 1.44M 软盘、20G 硬盘，指的也是字节。

3. 数字化

信息的数字化即是通过一定的器件将模拟信息变为数字电路或计算机可以读取的数据。

对模拟信号进行数字化一般要两个步骤，一是采样，二是量化。

首先要进行的是对该信号的取样，取样的频率越高则得到的数据越精确。当取样频率高至一定量时，信号就可以几乎完全重现了。例如，一张 CD 音乐光盘中，音频信号的取样是 44.1kHz/s（千赫兹每秒），因此，声波被记录成为一系列不连续的数字。但是，当这一连串的数字——比特，重新转换成模拟量后，人耳听到的是与原本的演奏没有区别的完全连续的曲调。

在进行采样之后，就要对采样得到的离散的信号进行量化，因为在采样后，虽然信号是离散的了，但还是模拟量，只有量化后才能形成数据。量化后数据的精度由量化位深决定，即量化的位数。量化位深越高，表示某一个量的数据级就越多，量化精度就越高。图形图像的数字化过程也是相同的。

4. 数据压缩解码技术

视频压缩（compression）的目标是在尽可能保证视觉效果的前提下减少视频数据率。高压缩指压缩前和压缩后的数据量相差大。压缩比一般指压缩后的数据量与压缩前的数据量之比。压缩越高，压缩比越小。由于视频是连续的静态图像，因此其压缩编码算法与静态图像的压缩编码算法有某些共同之处。但是，运动的视频还有其自身的特性，因此，在压缩时还应考虑其运动特性，才能达到高压缩的目标。在视频压缩中常用到以下基本概念。

（1）无损和有损压缩

无损压缩指的是压缩前和解压缩后的数据完全一致。多数的无损压缩都采用 RLE 行程编码算法。这种算法特别适用于由计算机生成的图像，它们一般具有连续的色调。无损算法一般对数字视频和自然图像的压缩效果不理想，因为其色调细腻，不具备大块的连续色调。

有损压缩意味着解压缩后的数据与压缩前的数据不一致。在压缩的过程中会丢失一些人眼和人耳所不敏感的图像或音频信息，而且丢失的信息不可恢复。几乎所有高压缩的算法都采用有损压缩，这样才能达到低数据率的目标。丢失的数据率与压缩比有关，压缩比越小，丢失的数据越多，解压缩后的效果就越差。此外，某些有损压缩算法采用多次重复压缩的方式，这样还会引起额外的数据丢失。

（2）帧内和帧间压缩

帧内（intraframe）压缩也称为空间压缩（spatial compression），即压缩一帧视频时，仅考虑本帧的数据而不考虑相邻帧之间的冗余信息，这实际上与静态图像压缩类似。帧内压缩一般采用有损压缩算法，由于压缩时各个帧之间没有相互关系，所以压缩后的视频数据仍可以以帧为单位进行编辑。帧内压缩一般达不到很高的压缩（很小的压缩比），而且，运动视频具有运动的特性，故还可以采用帧间压缩的方法。

采用帧间压缩是因为许多视频或动画的连续前后两帧具有很大的相关性，即前后两帧信息的变化很小。例如，当演示一个球在静态背景前滚动的视频片断中，连续两帧中的大部分的图像，如背景，是基本不变的，即连续的视频其相邻帧之间具有冗余信息，根据这一特性，压缩相邻帧之间的冗余量就可以进一步提高压缩量，减小压缩比。

帧间（interframe）压缩也称为时间压缩（temporal compression），它通过比较时间轴上不同帧之间的数据进行压缩。帧间压缩一般是有损的。帧差值（frame differencing）算法是一种典型的时间压缩法，它通过比较本帧与相邻帧之间的差异，仅记录本帧与其相邻帧的差值，这样可以大大减少数据量。例如，如果一段视频中不包含大量超常的剧烈运动景象，而是由一帧一帧的正常运动构成，采用这种算法就可以达到很好的压缩效果。

（3）对称和不对称编码

对称性是压缩编码的一个关键特征。对称（symmetric）意味着压缩和解压缩占用相同的计算处理能力和时间。对称算法适合实时压缩和传送视频，如视频会议应用就以采用对称的压缩编码算法为好。然而，在电子出版和其他多媒体应用中，一般需要把视频预先压缩处理好，以后再播放，因此可以采用不对称（asymmetric）编码。不对称或非对称意味着压缩时需要花费大量的处理能力和时间，而解压缩时则能较好地实时回放，即以不同的速度进行压缩和解压缩。一般来说，压缩一段视频的时间比回放（解压缩）该视频的时间要多，例如，压缩一段 3 分钟的视频片断可能需要 10 多分钟的时间，而该片断实时回放只需 3 分钟。

目前有多种视频压缩编码方法，其中最有代表性的是 MPEG 数字视频格式和 AVI 数字视频格式。

6.1.6 常用视频格式

数字视频文件的类型包括动画和动态影像两类。动画是指通过人为合成的模拟运动连续画面；动态影像主要指通过摄像机摄取的真实动态连续画面。常见的数字视频格式包括 MPEG、AVI、RM、DV 和 DivX 等。

1. MPEG 格式

MPEG（Moving Picture Experts Group）是 1988 年成立的一个专家组，其任务是负责制订有关运动图像和声音的压缩、解压缩、处理以及编码表示的国际标准。这个专家组在 1992 年推出了一个 MPEG-1 国际标准；1994 年推出了 MPEG-2 国际标准；1999 年推出 MPEG-4 第三版。另外，MPEG-7 并不是一个视频压缩标准，它是一个多媒体内容的描述标准，MPEG-21 也正处于研发阶段，它的目标是为未来多媒体的应用提供一个完整的平台。总之，每次新标准的制订都极大地推动了数字视频更广泛的应用。

（1）MPEG-1 格式

MPEG-1 的标准名称为"动态图像和伴音的编码——用于速率小于每秒约 1.5 兆比特的数字存储媒体（coding of moving picture and associated audio-for digital storage media at up to about 1.5Mb/s）"。这里的数字存储媒体指的是一般的数字存储设备，如 CD-ROM、硬盘和可擦写光盘等，也就是通常所说的 VCD 制作格式。使用 MPEG-1 的压缩算法，可以把一部时长 120 分钟的电影压缩到 1.2GB 左右。这种数字视频格式的文件扩展名包括.mpg、.mlv、.mpe、.mpeg 以及 VCD 光盘中的.dat 等。

MPEG-1 采用有损和不对称的压缩编码算法来减少运动图像中的冗余信息，即压缩方法依据是相邻两幅画面绝大多数是相同的，把后续图像中和前面图像有冗余的部分去除，从而达到压缩的目的，其最大压缩比可达到 200：1。

目前，MPEG-1 已经为广大用户所采用，如多媒体应用，特别是 VCD 或小影碟的发行等，其播放质量高于电视电话，可以达到家用录像机的水平。VCD 的发行不仅充分发挥了光盘复制成本低、可靠和稳定性高的特点，而且使普通用户可以在 PC 机上观看影视节目，这在计算机的发展史上也是一个新的里程碑。

（2）MPEG-2 格式与 DVD

随着压缩算法的进一步改进和提高，MPEG 专家组在 1993 年又制订了 MPEG-2 标准，即"活动图像及有关声音信息的通用编码"标准。与 MPEG-1 比较，MPEG-2 的改进部分可从表 6-1 中清楚地表示出来。

表 6-1　　　　　　　　　　MPEG-1 与 MPEG-2 的性能指标比较

性能指标	MPEG-1	MPEG-2
图像分辨率	352×240	720×484
数据率	1.2~3 Mbit/s	3 ~15 Mbit/s
解码兼容性		与 MPEG-1 兼容
主要应用	VCD	DVD

MPEG-2 标准是高分辨率视频图像的标准。这种格式主要应用在 DVD 和 SVCD 的制作或压缩方面，同时，在一些 HDTV（高清晰电视广播）和一些高要求视频编辑、处理方面也有较广的

应用。使用 MPEG-2 的压缩算法，可以把一部时长 120 分钟的电影压缩到 4~8GB。这种数字视频格式的文件扩展名包括.mpg、.mpeg、.m2v 及 DVD 光盘上的.vob 等。

在 MPEG 算法的发展过程中，其音频部分的压缩也不断得到提高和改进。MPEG-1 的音频部分压缩已经接近 CD 的效果。其后，MPEG 算法也用于压缩不包含图像的纯音频数据，出现了 MPEG Audio Layer1、MPEG Audio Layer2 和 MPEG Audio Layer3 等压缩格式。MPEG Audio Layer3 也就是 MP3 的音频压缩算法。MP3 的压缩比达 1∶12，其音质几乎达到了 CD 的标准。由于 MP3 的高压缩比和优秀的压缩质量，一经推出立即得到了网络用户的欢迎。

（3）MPEG-4 多媒体交互新标准

MPEG-4 标准制订于 1998 年，是为了播放流式媒体的高质量视频而专门设计的，它可利用很窄的带宽，通过帧重建技术压缩和传输数据，以求使用最少的数据获得最佳的图像质量。

MPEG-4 能够保存接近于 DVD 画质的小体积视频文件。这种文件格式还包括了以前 MPEG 压缩标准所不具备的比特率的可伸缩性、动画精灵、交互性甚至版权保护等一些特殊功能。这种数字视频格式的文件扩展名包括 3gp、mp4、avi 和 mpeg-4 等。

2. AVI 格式

AVI（Audio Video Interleave）是一种音频视像交插记录的数字视频文件格式。1992 年初，Microsoft 公司推出了 AVI 技术及其应用软件 VFW（Video for Windows）。这种按交替方式组织音频和视频数据的方式可以使得读取视频数据流时能更有效地从存储媒介得到连续的信息。AVI 文件图像质量好，可以跨平台使用，但由于文件过于庞大，而且压缩标准不统一，因此在不同版本的 Windows 媒体播放器中不兼容。

3. MOV 格式

MOV 格式是美国 Apple 公司开发的一种视频格式，默认的播放器是 Apple 公司的 QuickTime Player。MOV 格式支持包括 Apple Mac OS、Microsoft Windows 95/98/2000/XP/7 在内的所有主流计算机操作系统，有较高的压缩比率和较完美的视频清晰度。

MOV 格式定义了存储数字媒体内容的标准方法，使用这种文件格式不仅可以存储单个的媒体内容，如视频帧或音频采样数据，而且还能保存对该媒体作品的完整描述。因为这种文件格式能用来描述几乎所有的媒体结构，所以它是不同系统的应用程序间交换数据的理想格式。

4. DivX 格式

这是由 MPEG-4 衍生出来的另一种视频编码（压缩）标准，也就是通常所说的 DVDrip 格式，它采用了 MPEG-4 的压缩算法，同时又综合了 MPEG-4 与 MP3 各方面的技术，即使用 DivX 压缩技术对 DVD 盘片的视频图像进行高质量压缩，同时用 MP3 或 AC3 对音频进行压缩，然后再将视频与音频合成并加上相应的外挂字幕文件而形成的视频格式。其画质接近 DVD，但文件大小只有 DVD 的几分之一。由于 DivX 对计算机硬件的要求也不高，所以，DivX 视频编码技术可以说是一种对 DVD 造成最大威胁的新生视频压缩格式，号称 DVD 杀手或 DVD 终结者。

5. DV 格式

DV 的英文全称是 Digital Video Format，是由索尼、松下、JVC 等多家厂商联合提出的一种家用数字视频格式。目前非常流行的数码摄像机就是使用这种格式记录视频数据，它可以通过计算机的 IEEE1394 端口将视频数据传输到计算机中，也可以将计算机中编辑好的视频数据回录到数码摄像机中。这种数字视频格式的文件扩展名一般是.avi，所以也叫 DV-AVI 格式。

6. RA/RM/RP/RT 流式文件格式

流式文件格式经过特殊编码，但是它的目的和单纯的多媒体压缩文件有所不同，它对文件重新编排数据位是为了适合在网络上边下载边播放。将压缩媒体文件编码成流式文件时，为了使客户端接收到的数据包可以重新有序地播放，还需要加上许多附加信息。

Real System 也称为 Real Media，它是目前互联网上最流行的跨平台的客户/服务器结构的多媒体应用标准，它采用音频/视频流和同步回放技术，可以实现网上全带宽的多媒体回放。Real System 包括了 RM、RA、RP 和 RT 4 种文件格式，分别用于制作不同类型的流式媒体文件。其中，使用最广的 RA 格式用来传输接近 CD 音质的音频数据。RM 格式用来传输连续视频数据。

RP 格式可以直接将图片文件通过 Internet 流式传输到客户端。通过将其他媒体如音频、文本捆绑到图片上，可以制作出具有各种目的和用途的多媒体文件。用户只需懂得简单的标志性文件就可以用文本编辑器制作出 RP 文件。

RT 格式是为了让文本从文件或者直播源流式发放到客户端。Real Text 文件既可以是单独的文本，也可以是在文本的基础上加上其他媒体所构成。由于 Real Text 文件是由标志性语言定义的，所以，用简单的文本编辑器就可以创建 Real Text 文件。

Real System 采用可扩展视频技术作为其主要视频编码解码，顾名思义，此编码解码具有扩展其行为的能力，例如，当网络传输率低于编码采用的速率时，则当播放时服务器端将丢弃不重要的信息，播放器尽可能还原视频质量。Real Audio 是第一个支持 Internet 实时流媒体的音频结构，它具有多个不同的算法，每种算法根据产生的数据速率与内容类型命名。

7. RMVB 格式

这是一种由 RM 视频格式升级延伸出的新视频格式，它的先进之处在于：它打破了原先 RM 格式那种平均压缩采样的方式，在保证平均压缩比的基础上合理利用比特率资源，也就是说，静止和运动场面少的画面场景采用较低的编码速率，这样可以留出更多的带宽空间，而这些带宽会在出现快速运动的画面场景时被利用。这样，在保证了静止画面质量的前提下，大幅度地提高运动图像的画面质量，使图像质量和文件大小之间达到了微妙的平衡。另外，相对于 DVDrip 格式，RMVB 视频有着明显的优势，一部大小为 700MB 左右的 DVD 影片，如果将其转录成同样视听品质的 RMVB 格式，大小最多为 400MB 左右。并且，这种视频格式还具有内置字幕和无需外挂插件支持等独特优点。要想播放这种视频格式的文件，可以使用 Real One Player 2.0 或 Real Player 8.0 加 Real Video 9.0 以上版本的解码器形式进行播放。

8. ASF 流式文件格式

Windows Media 的核心是先进的流式文件格式 ASF（Advanced Stream Format）。Windows Media 将音频、视频、图像以及控制命令脚本等多媒体信息以 ASF 格式通过网络数据包的形式传输，实现流式多媒体内容的发布。

ASF 文件以.asf 为后缀，其最大的优点是体积小，因此适用于网络传输。通过 Windows Media 工具，用户可以将图形、声音和动画数据组合成一个 ASF 格式的文件；也可以将其他格式的视频和音频转换为 ASF 格式；还可以通过声卡和视频捕获卡将诸如麦克风、录像机等外设的数据保存为 ASF 格式。使用 Windows Media Player 可以直接播放 ASF 格式的文件。

9. Windows Media Video 文件格式

Windows Media Video（WMV）是 Microsoft 流媒体技术的首选编码解码器，它派生于 MPEG-4，采用了几个专有扩展功能使其可在指定的数据传输率下提供更好的图像质量。它能够在目前网络宽带下即时传输，并显示接近 DVD 画质的视频内容。例如，WMV8 不仅具有很高的压缩率，而且还支持变比特率编码（True VBR）技术，当下载播放 WMV8 格式的视频时，True VBR 可以保证高速变换的画面不会产生马赛克现象，从而具有清晰的画质。

Windows Media Audio（WMA）是音频流技术的首选编码解码器，它的编码方式类似于 MP3。WMA8 的文件容量仅相当于 MP3 的 1/3，并提供接近 CD 的音质效果。

10．ASX 发布文件格式

ASX 文件是 Microsoft Media 文件的索引文件，也是一种播放列表或者流媒体重定向（Active Stream Redirector）文件，其工作原理与 RAM 文件类似。播放列表将媒体内容集中在一起，并储存媒体数据内容的位置。媒体数据的位置可能是客户机、局域网中的一台计算机或者是互联网中的一台服务器。ASX 文件的最简形式是包含了关于流的 URL 的信息，Windows Media Player 处理该信息，然后打开 ASX 文件中指定位置的内容。

11．FLV 网络视频格式

FLV 是 FLASH VIDEO 的简称。FLV 流媒体格式是随着 Flash MX 的推出发展起来的视频格式，目前已经成为当前视频文件的主流格式。由于它形成的文件极小、加载速度极快，使得网络观看视频文件成为可能，它的出现有效地解决了视频文件导入 Flash 后，使导出的 SWF 文件体积庞大，不能在网络上很好地使用等缺点。目前大部分在线视频网站均采用此视频格式。

12．MKV 格式

MKV 不是一种压缩格式，而是 Matroska 的一种媒体文件，Matroska 是一种新的多媒体封装格式，也称多媒体容器（Multimedia Container）。它可将多种不同编码的视频及 16 条以上不同格式的音频和不同语言的字幕流封装到一个 Matroska Media 文件当中。MKV 最大的特点就是能容纳多种不同类型编码的视频、音频及字幕流。

6.2　常用软件介绍

6.2.1　会声会影

会声会影是一款功能强大的视频编辑软件，具有图像抓取和编修功能，可以抓取和转换 MV、DV、V8、TV，并能实时记录抓取画面文件，并提供有超过 100 多种的编制功能与效果，可导出多种常见的视频格式，甚至可以直接制作成 DVD 和 VCD 光盘。

会声会影主要的特点是操作简单，适合家庭日常使用，能编辑完整的影片。会声会影支持各类编码，其中包括音频和视频编码。

它不仅具有符合家庭或个人所需的影片剪辑功能，甚至可以挑战专业级的影片剪辑软件。适合普通大众使用，操作简单易懂，界面简洁明快。该软件具有成批转换功能与捕获格式完整的特点，虽然无法与 EDIUS、Adobe Premiere、Adobe After Effects 和 Sony Vegas 等专业视频处理软件媲美，但以简单易用、功能丰富的特点赢得了良好的口碑，在国内的普及度较高。

通过影片制作向导模式，只要 3 个步骤就可快速做出 DV 影片，入门新手也可以在短时间内体验影片剪辑；同时，会声会影编辑模式支持从捕获、剪接、转场、特效、覆叠、字幕、配乐到刻录等多种功能，帮助用户全方位剪辑出好莱坞级的家庭电影。

6.2.2　Premiere

Premiere 是一款非常优秀的视频编辑软件，它能对视频、声音、动画、图片和文本进行编辑加工，并最终生成视频文件。Premiere 功能十分强大，无论是视频编辑的初学者还是专业视频编辑的用户，都可以在没有编辑器材的情况下，仅根据 DV 设备即可在计算机上方便地实现实时视频编辑。在所有的非线性交互编辑软件中，它首创的时间线编辑和剪辑项目管理等已经成为事实上的工业标准。

用户使用它可以随心所欲地对各种视频图像和动画进行编辑，包括添加音频、创建网页上播放的动画、转换视频格式等。

在实际应用中，Premiere 具有如下特点。

① 实时采集视频和音频。配合计算机上使用的视频卡，Premiere 可以对模拟视频和音频信号实现实时采集；可以按照一定倍速采集磁带上的数字视频和音频；可以在采集过程中，对视频和音频信号进行调整和修补。

② 强大的兼容性。Premiere 可以支持多种文件格式，如 TGA、JPG 和 WAV 等，从而方便与其他软件相互配合使用。Premiere 与 Adobe 公司的其他软件一样，也支持第三方插件，使其可以具有更多的操作功能。

③ 叠加和字幕。Premiere 提供的多重叠加方式，可以实现多层画面的同屏显示；Premiere 提供的字幕制作窗口与操作系统采用相同的界面，从而使操作变得十分方便。另外，在 Premiere 中不仅可以制作文字字幕，还可以制作图形字幕。

④ 非线性编辑和后期处理。Premiere 中支持多达 99 条的视频和音频轨道，而且还可以精确至帧单位，便于同步编辑视频和音频。与传统编辑方式相比，其简化了非线性编辑的繁琐操作。另外，Premiere 提供了几十种过渡和过滤效果，并且可以设置素材的运动，从而实现许多传统编辑设备中无法实现的视频编辑效果。

6.2.3　EDIUS

EDIUS 是日本 canopus 公司的优秀非线性编辑软件。EDIUS 非线性编辑软件专为广播和后期制作环境而设计。EDIUS 拥有完善的基于文件的工作流程，提供了实时、多轨道、多格式混编、合成、色键、字幕和时间线输出功能。同时支持所有 DV、HDV 摄像机和录像机。

EDIUS 6 让用户可以使用任何视频标准，甚至能达到 1080p50/60 或 4K 数字电影分辨率。同时，EDIUS 6 支持业界使用的所有主流编解码器的源码编辑，甚至当不同编码格式在时间线上混编时，都无需转码。另外，用户无需渲染就可以实时预览各种特效。

EDIUS 6 延续了 Grass Valley 的传统，展现了编辑复杂压缩格式时无与伦比的能力。这进一步帮助用户将精力集中在编辑和创作上，不用担心技术问题。大多数 EDIUS6 的功能都来源于用户对各种新特性的需求，让 EDIUS 解决方案成为后期制作的更有价值的工具。

EDIUS 因其迅捷、易用和稳定性为广大专业制作者和电视人所广泛使用，是混合格式编辑的绝佳选择。

6.3　Premiere Pro2.0 的基本操作

作为 Adobe Production Studio 套件的一部分，Premiere Pro 2.0 软件是 Adobe 发布的具有代表性的一代专业视频编辑工具，从 DV 到未经压缩的 HD，它几乎可以获取和编辑任何格式，并输出到录像带、DVD 和 Web。Premiere Pro 2.0 还提供了和其他 Adobe 应用程序的集成功能，为高效数字电影制作设立了新的标准。

6.3.1 Premiere Pro2.0 环境设置

下面介绍运行 Premiere Pro 2.0 软件的系统需求。

● DV 编辑需要 Intel Pentium 4 1.4GHz 处理器（HDV 编辑需要支持超线程技术的 Pentium 4 3GHz 处理器；HD 编辑需要双 Intel Xeon™ 2.8GHz 处理器）。

● Microsoft Windows XP（带 Service Pack 2）。

● DV 编辑需 512MB 内存；HDV 和 HD 编辑需 2GB 内存。

● 安装需要 800MB 可用硬盘空间。

● 对于内容，需要 6GB 可用硬盘空间。

● DV 和 HDV 编辑需要专用 7200 RPM 硬盘驱动器；HD 编辑需要条带式磁盘阵列存储设备（RAID 0）。

● Microsoft DirectX 兼容声卡（环绕声支持需要 ASIO 兼容多轨声卡）。

● DVD-ROM 驱动器。

● 1280×1024 32 位彩色视频显示适配器。

● DV 和 HDV 编辑需要 OHCI 兼容 IEEE 1394 视频接口（HD 编辑需要 AJA Xena HS）。

Premiere Pro 2.0 英文版的安装步骤如下。

➢ 运行 Premiere Pro 2.0 的安装程序，也就是在安装光盘中找到 setup.exe 文件并执行。

➢ Premiere Pro 2.0 的安装是自动的，只要跟随系统的提示点击"下一步"按钮就可以顺利完成安装。

➢ 在图 6-2 所示界面选择使用的语言。

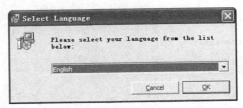

图 6-2　选择语言

➢ 接受协议，如图 6-3 所示。

➢ 在图 6-4 所示界面输入用户信息和序列号。

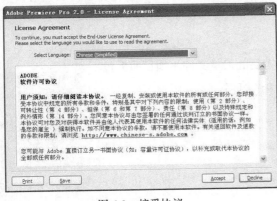

图 6-3　接受协议

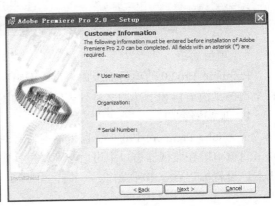

图 6-4　输入序列号

➤ 在图 6-5 所示界面输入程序安装的路径。

➤ 安装完成后，系统会提示激活软件，如果没有获得激活号，就只能试用软件 30 天。激活软件之后系统提示重新启动，就可以运行 Premiere Pro 2.0。图 6-6 所示为提示激活软件界面。

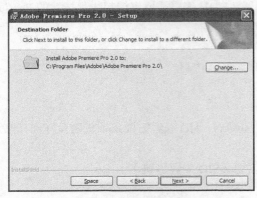

图 6-5　选择安装路径

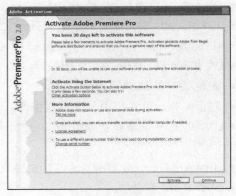

图 6-6　安装完成

➤ 进入 Premiere Pro 2.0 界面，如图 6-7 所示。

Premiere Pro 2.0 中的主要面板介绍如下。

项目创建完成后，可以进入 Premiere Pro 2.0 的主界面，如图 6-8 所示。其中有项目面板、特效面板、素材预览窗口、视频显示窗口、时间线面板等。

图 6-7　启动界面

图 6-8　Premiere Pro 2.0 的主界面

1. 项目面板

Premiere Pro2.0 的项目面板用来存放编辑所需要的素材文件。项目面板包括上部的预演窗口和下部的文件列表区域，如图 6-9 所示。

2. 监视器窗口

在 Adobe Premiere Pro 中，监视器窗口有两个，一个是源素材窗口，一个是节目窗口。在监视器窗口中可以对素材进行监视、寻找帧、设置入点、设置出点、设置标记点等多种操作。

图 6-9　项目面板

（1）Source（源）素材窗口

用来专门显示素材的窗口称为 Source（源）素材窗口。在项目面板中双击素材，在源素材窗口中就能显示它，源素材窗口中的控制按钮很多，类似录像机的控制面板，如图 6-10 所示。

图 6-10　源素材窗口

- $\blacktriangledown$ 00:00:00:00：表示时间标记所在的位置，可以输入时间，也可以用鼠标拖动控制时间标记的位置。
- 00:00:14:20：显示整个素材的时间长度。
- ：时间标记按钮，用来标记视频素材当前播放到的位置。
- ：设置入点按钮。
- ：设置出点按钮。
- ：设置标记点按钮。
- ：时间标记到入点按钮。
- ：时间标记到出点按钮。
- ：播放从入点到出点之间的视频按钮。
- ：时间标记到上一个标记点按钮。
- ：时间后退一帧按钮。
- ：播放视频按钮。
- ：时间前进一帧按钮。
- ：时间标记到下一个标记点按钮。
- ：快速搜索按钮。模拟硬件上的变速轮，可按住它向前后拖曳，实现无级变速播放素材。
- ：慢寻按钮。用鼠标向两侧拖拽，以帧为单位寻找素材位置。
- ：设置视频循环播放按钮。
- ：在视频窗口中显示安全框区域按钮。
- ：显示输出选项按钮。设置视频和音频以何种效果显示在窗口中。
- ：插入编辑按钮。按下该按钮后，当前在源视频窗口的素材插入到时间线上的素材中间。

- ⊡：覆盖编辑按钮。按下该按钮后，当前在源视频窗口的素材覆盖时间线上的素材。
- 当素材中只含有视频，按下鼠标会有如此显示 ⊞。当素材中只含有音频，图标变化为 ◀, 源素材窗口显示音频的波形图。当素材中含有视频和音频时，图标变化为 ⊞
- ⊟：显示输出选项按钮。单击该按钮，会弹出菜单选项，用来设置视频窗口的显示效果，如图 6-11 所示。分成 3 部分，第一部分设定窗口中用何种图像显示（如显示波形图或是显示矢量图）；第二部分设置视频显示的质量；第三部分设置有关视频回放的参数。

（2）Program（节目）窗口

节目窗口用来监视在时间线面板上使用的视频和音频素材。它和源素材窗口相似，但是在该窗口中显示的是在时间线上编辑后的素材的效果，如图 6-12 所示。

图 6-11　窗口视频显示选项　　　　　　　图 6-12　节目窗口

其中有 3 个按钮与源素材窗口中的按钮不同，其他按钮的功能与作用都和源素材窗口中同位置的按钮相似。具体如下。

- ⊟：提升编辑按钮。删除在时间线上设置好的入点和出点之间的选定的轨道上的素材。
- ⊟：吸取编辑按钮。删除在时间线上设置好的入点和出点之间的选定的轨道上的素材，并且后面的素材前移，添补空缺。
- ⊞：修整编辑按钮。用于精确编辑素材。

3. 时间线面板

大多数的视、音频编辑软件中都有时间线编辑模式，该模式是按照时间的先后顺序来组织、编辑素材，最后完成项目的制作。Premiere Pro2.0 的时间线面板是基于标准的时间码格式对视频素材、音频素材进行选定、排列、编辑的一个操作平台，非线性编辑就是围绕这个时间线面板展开的，素材的编辑工作大部分在这个面板中完成。

在时间线面板中以 Sequence（序列）的方式进行工作。在编辑工作开始前，一般在项目面板中要建立一个序列，这个步骤一般由系统自动完成，在新建的项目中都默认存在一个序列。在一个项目中可以建立多个序列，同时可以对多个序列进行切换编辑，序列与序列之间可以嵌套使用。单击项目面板中下部的 ⊔ 按钮，在弹出的菜单中选择 "Sequence" 命令，如图 6-13 所示。弹出设置对话框如图 6-14 所示，当中的参数设置和在新建项目中设置的是一样的。

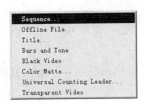

图 6-13 新建序列

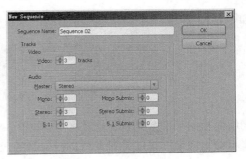

图 6-14 序列设置对话框

序列会被打开在时间线上进行编辑，这时才可以在时间线上添加一系列的素材，如图 6-15 所示。

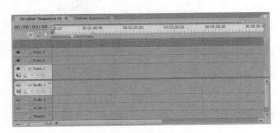

图 6-15 时间线面板

用户可以从源素材窗口拖动素材到时间线面板中的轨道上，也可以直接从项目面板中把素材拖动到时间线面板上进行编辑。时间线面板上部是时间显示区域，下部是素材轨道区域。

时间显示区域如图 6-16 所示，含有时间标尺、时间线和编辑范围指示。

图 6-16 时间显示区域

● 00:00:00:00：显示当前时间，也就是时间标志和时间线所在的位置。单击它可以使其处于编辑状态，输入时间确认后，时间线会移动到输入的时间位置。

● ：锁定按钮。一般情况下处于激活状态，在轨道上移动素材的时候，可以使得素材的边缘自动吸引对齐。

● ：设置 DVD 标记按钮。

● ：设置非数字标记按钮。

● ：时间线标志按钮。它在哪个位置素材就播放到哪个位置。

● ：时间标尺，位于"时间线"面板的上部。拖动它可以改变轨道上素材的显示情况，用来放大或缩小时间线面板中轨道上素材的显示。

● ：操作区域栏。工作区，确定轨道上素材的编辑范围，在这个范围之内的时间线面板上的素材被渲染，可以输出为视频节目，之外的一般不会被输出（也可以通过设置来输出工作区之外的素材）。

图 6-16 所示的时间标尺上显示的时间格式是由项目设置中 General（常规设置）的 Display Format （时间显示格式）的设定确定的，如果时间显示格式设置的是 Frame（帧），那时间标尺

显示则如图 6-17 所示。

图 6-17 以帧显示时间标尺

时间线面板的下部分是素材轨道区域，如图 6-18 所示，左边是视频轨道、音频轨道控制区域，右边是素材编辑区域，也就是对素材进行剪辑的区域。

图 6-18 素材轨道区域

如图 6-18 所示，被选中的轨道会高亮度显示，同时只能选中一个视频轨道和一个音频轨道。点击"Video 1"左边的小三角按钮，可以打开视频轨道的一些控制设置，如图 6-19 所示。

图 6-19 "Video 1"的控制设置

● ：视频显示/隐藏开关按钮。打开时，轨道上的素材才能显示，否则不显示该轨道上的素材的内容。

● ：锁定视频轨道开关，打开时，轨道上的素材不能被编辑。用来防止在素材太多的情况下对素材的误操作。打开后，轨道出现图 6-20 所示的效果。

图 6-20 轨道被锁定

● ：设置视频素材显示样式按钮。单击它可以弹出菜单，如图 6-21 所示。

图 6-21 视频轨道上的素材显示样式

● Show Head and Tail：轨道上的视频素材显示入点帧和出点帧的画面，同时显示素材名称，如图 6-22 所示。

图 6-22　Show Head and Tail

● Show Head Only：轨道上的视频素材显示入点帧的画面，同时显示素材名称，如图 6-23 所示。

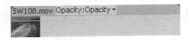

图 6-23　Show Head Only

● Show Frames：轨道上的视频素材显示每帧的画面，同时显示素材名称，如图 6-24 所示，这样的显示会耗去大量的系统资源，计算机系统性能低的用户不要使用。

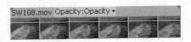

图 6-24　Show Frames

● Show Name Only：横线上的视频素材只显示素材名称，图 6-25 所示。

图 6-25　Show Name Only

● ：视频关键帧显示/隐藏开关按钮。点击"Audio 1"左边的小三角按钮，可以打开音频轨道的一些控制设置，如图 6-26 所示。

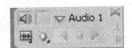

图 6-26　"Audio 1"的控制设置

● 音频开关按钮。打开状态时，播放时间线面板音频轨道上的音频素材，能够输出声音。
● 锁定音频轨道开关按钮。用来防止素材太多的情况下对素材的误操作，打开时，轨道上的素材不能被编辑。
● ：设置音频显示样式按钮。单击它可以弹出菜单，如图 6-27 所示。

图 6-27　音频轨道上的素材显示样式

● Show Waveform：轨道上的音频素材显示波形，同时显示名称，如图 6-28 所示。

图 6-28　Show Waveform

● Show Name Only：轨道上的音频素材只显示名称。

●音频关键帧显示/隐藏开关 ：用户可以根据需要对视频轨道和音频轨道进行重命名和删除，还可以添加新的视频轨道和音频轨道。在轨道左边单击鼠标右键，弹出图 6-29 所示菜单。使用 Rename（改名）命令可以修改当前轨道的名称；选择 Add Tracks（添加轨道）命令，可以给时间线面板中添加素材轨道，出现图 6-30 所示添加轨道对话框；选择 Delete Tracks（删除轨道）命令，出现图 6-31 所示删除轨道对话框。

图 6-29　素材轨道编辑菜单

图 6-30　添加轨道对话框

图 6-31　删除轨道对话框

6.3.2　影视非线性编辑的工作流程

工作流程就是工作的程序。任何非线性编辑的工作流程，都可以简单地看成输入、处理编辑、输出这 3 个步骤。根据在具体的编辑制作过程中使用的硬件、软件设备的不同，工作流程还可以进一步细化。以 Adobe Premiere Pro 2.0 为例，其工作的流程主要分成以下 5 个步骤。

（1）素材的采集与输入

采集素材就是利用 Premiere Pro 2.0，将模拟视频、音频信号转换成数字信号存储到计算机中，也可以将外部的数字视频存储到计算机中，使之成为可以处理的素材。素材输入主要是把其他软件处理过的图像、动画、声音等，导入到 Premiere Pro 2.0 中以备使用。

（2）设计标志、背景、字幕，制作矢量图形

标志、背景、字幕是影视节目中非常重要的部分。Premiere Pro 2.0 中的字幕编辑功能强大，能实现多种效果，并且还有大量的模板可以选择。制作矢量图形可以用矢量编辑软件，如 CorelDRAW、Illustrator 等。矢量图形可以用来进行视频合成、视频特效制作。

（3）特效的制作

使用特效制作软件（如 After Effects 等）对由 Premiere Pro 2.0 产生的视频素材进行特效处理，可以得到令人震撼的视觉效果。Premiere Pro 2.0 本身的特效功能也是很不错的，包括有转场、合成叠加、扣像等。

（4）对素材非线性编辑

素材编辑就是设置素材的入点与出点，以选择最合适的部分，然后按特定顺序组接不同素材的过程。

（5）影音的输出与生成

节目编辑制作完成后，就可以生成视频文件，发布到网上、制作成多媒体、刻录成 DVD 和

VCD 光碟等，主要的文件格式有 MOV、AVI、MPEG、WMV 等；也可以输出回录到录像带上。

6.3.3　Premiere Pro2.0 视频编辑

1.　建立新项目的方法

在 Premiere Pro2.0 中建立新项目的方法有两种：第一种是在出现欢迎界面时选择"New Project 新建项目）"选项，如图 6-32 所示；另一种方法就是在编辑某个项目时，可以选择"文件→新建→项目"选项（快捷键【Ctrl＋Alt＋N】）来创建新的项目。

图 6-32　新建与打开项目面板

2.　设置项目属性

在建立新项目以后需要设置项目属性，这样才能制作出符合要求的视频文件。

不论使用哪种方法创建新项目，都会弹出一个"新建项目"对话框，如图 6-33 所示。设置好文件保存位置和名称以后，单击【OK】按钮就可以创建一个新的项目文件。

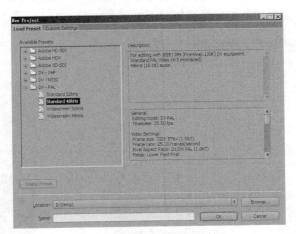

图 6-33　"新建项目"对话框

对话框中提供了一些"Load Preset（装载预置）"，需要用户对即将开始编辑的视频和音频进行各项设置，一般是项目文件每秒钟的帧数、视频的帧尺寸、音频的采样、数字视频采用的压缩方式等项目。这时可以选择一个预设设置，如 DV-PAL Standard 48kHz，该预设的视频帧尺寸是

720*576，帧速率是 25 帧／秒。单击对话框下方"Location"后面的"Browse（浏览）"按钮可以选择工程项目文件在硬盘中存储的位置，在接下来的"Name（名称）"输入框中给项目取个名字，名字一定要取，否则不能继续下面的步骤，单击【OK】按钮，就打开了新的项目。

　　Premiere Pro 2.0 的编辑主界面出现，如图 6-34 所示。现在可以开始引入视、音频等素材进行编辑。

图 6-34　Premiere Pro 2.0 的编辑主界面

3. 视频、音频素材简单的编辑与合成

➤ 双击项目面板下部的面积较大的空白区域，出现文件导入的对话框，如图 6-35 所示。选择两个 mov 视频文件，一个 jpg 文件图片文件，一个 mp3 声音文件。

➤ 单击"打开"按钮后，在项目面板中可以看到刚才选中的 4 个文件。单击项目面板右上角的"三角"按钮，打开菜单，选择"View"命令中的"Icon"子命令，可以在项目面板上具有故事板风格的格子中显示素材的预览效果，如图 6-36 所示。

图 6-35　导入文件对话框

图 6-36　素材的预览显示

➤ 选择某个素材，在项目面板左上角有它的预览效果，可以单击预览效果左边的播放按钮，播放视频，还可以拖动滚动条调整视频播放进度。当播放到有代表性的帧时，可以单击预览效果

左边的"照相机"按钮，把当前帧设置为该视频文件的缩略图，如图 6-37 所示。

图 6-37　素材缩略图设置

➤ 双击项目面板中的素材可以在源素材预览窗口打开，在此窗口可以对素材进行粗略的编辑。例如，可以对视频素材设置入点和出点，粗略地剪辑素材。假设有段视频素材的长度是 15 秒又 15 帧，但是在制作的时候只需要这段视频素材中间 5 秒的部分，这个时候可以在源素材预览窗口中把时间线位置移动到第 5 秒，单击窗口下面的"入点插入"按钮 <span></span>，把时间线位置移动到第 10 秒，再单击窗口下面的"出点插入"按钮 <span></span>，这样可以看到源预览窗口中时间线发生了变化，如图 6-38 所示。

图 6-38　源预览窗口中对出、入点的标记

再单击窗口下面的"插入"按钮 <span></span>，就可以把这段 5 秒的视频加到选择的时间线上了，源素材的前面和后面部分都被剪辑了。

➤ 对于现在正在制作的实例，可以直接把素材从项目面板中拖到时间线上。把 034bh.jpg、SW108.mov、TL117.mov 3 段素材依次拖到时间线上的"Video 1"轨道上，把 Wind.mp3 拖到时间线上的"Audio1"轨道上，如图 6-39 所示。

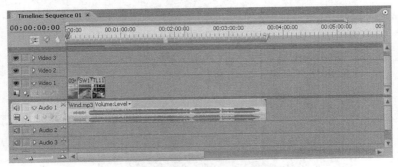

图 6-39　时间线上的视频与音频素材

➤ 时间线上显示的素材可能较小，编辑起来不方便，可以使用工具栏中的"Zoom Tool（放大、缩小工具）"，对时间线上的素材显示效果进行放大，如图 6-40 所示。另一个控制素材在时间

线上显示大小的工具在时间线的左下方，可以通过缩小和放大时间间隔按钮来调节，也可以通过它们之间的滑杆来调节，如图 6-41 所示。放大显示后可以看到图 6-42 所示的效果，素材在时间线上的显示效果增大了，这样编辑起来就更方便了，更容易找到素材正确的时间位置。同样，如果时间线上编辑的素材太多，需要观察调整所有的素材，还需要对其进行缩小显示。

图 6-40　Premiere Pro 2.0 工具面板

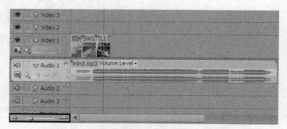

图 6-41　时间线上的素材显示控制工具

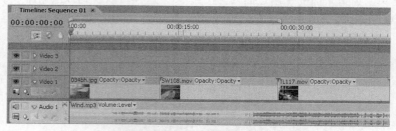

图 6-42　时间线上的素材被放大显示后的效果

➤ 现在可以为时间线上的素材添加简单的字幕。选择"File→New→Title"选项，在项目面板中新建字幕文件，出现字幕命名对话框，如图 6-43 所示，单击【OK】按钮后字幕编辑面板出现，如图 6-44 所示。

图 6-43　字幕命名对话框

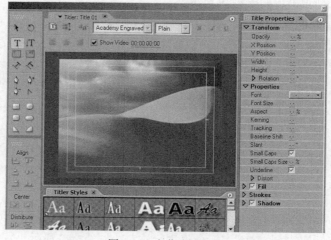

图 6-44　字幕编辑面板

➤ 单击"文字输入"按钮 T，在窗口中单击后输入汉字"沙漠"。单击"选择移动工具"按钮 ，可以调整字幕的位置。拉动窗口中文字旁边的句柄，可以改变字幕的大小。在选中窗口中文字的情况下，单击窗口下方 Titler Styles（字幕风格样式）面板中的任意一种样式，可以改变字幕的显示效果，如图 6-45 所示。单击字幕编辑面板中右上角的"关闭"按钮，字幕会被自动存储，并能显示在项目面板中。

图 6-45　改变字幕文字风格

➤ 从项目面板中拖动字幕到时间线上的"Video 2"轨道上，在时间线上可以看到图 6-46 所示效果。实际上静态的字幕就相当一张静态的图片，也是可以设置它在时间线上的默认时间的。由于缺省设置的原因，这时的字幕可能没有和时间线上"Video 1"轨道中的视频或图片素材完全对齐，可以把鼠标放在"Video 2"轨道上的字幕素材边缘，等待鼠标形状发生图 6-47 所示的变化时拖动字幕素材的长度，延长字幕在时间线上的时间。使得字幕可以和"Video 1"上的相对应的素材对齐，最后时间线中的情况如图 6-48 所示。这样就为第一段素材添加了一个简单的字幕。

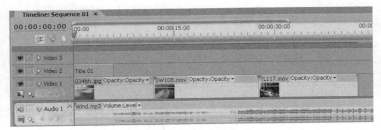

图 6-46　字幕添加到时间线上

图 6-47　拖动字幕时间长度时鼠标的变化

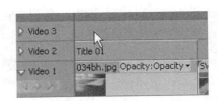

图 6-48　字幕与"Video 1"轨道中素材对齐

➤ 用同样的方法可以给后面两段素材添加对应的字幕。制作完成后时间线上的变化如图 6-49 所示。

图 6-49　字幕添加完成后时间线上的显示

➤ 工作进行到此处，观察时间线面板上的素材，会发现音频素材的时间长度大于 3 段视频素材加起来的时间长度。可以使用工具栏中的"Razor Tool（剃刀工具）"进行调整，如图 6-50 所示。

图 6-50　工具栏上的裁剪工具

➢ 具体的方法是，单击工具栏中的"剃刀工具"按钮，把时间线拖动到需要裁剪的位置，如图 6-51 所示，对着时间线单击需要裁剪的素材。这样可以把音频素材分成互不相干的两段，再单击工具栏中的"选择工具"按钮 ，单击时间线上音频素材的后面一段，选中它，按下【Delete】键，删除音频素材的后面一段，使得视频、音频素材时间长度相同。如图 6-52 所示。对于在时间线上的素材都可以使用剃刀工具将其分成任意的段数，分开后即可对每段素材单独操作。

图 6-51　裁剪音频素材

图 6-52　被裁剪并删除了后一段的音频素材

➢ 这时候可以把经过简单编辑后的文件输出为动画视频了。可以选择生成长用的 avi 文件。选择"File→Export→Movie"选项，出现图 6-53 所示对话框。输入文件名后单击【保存】按钮，经过渲染过程后就生成了视频动画。

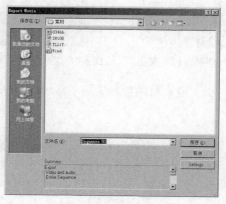

图 6-53　导出对话框

以上就是通过图片、视频、音频素材的组合制作一个简单视频动画的流程。

6.3.4　Premiere Pro2.0 素材管理

1. 素材的导入

Premiere Pro 2.0 支持大部分的常用视频、音频格式以及图形、图像格式，导入的方式是双击文件列表区的空白位置或者选择 "File→Import" 选项，在弹出的导入文件对话框中选择需要的文件。

还有些文件在导入时需要进行设置。例如，Photoshop 的图层文件（后缀名为 psd 的文件格式）。导入过程是在选择 "Import" 选项后，在弹出的对话框中选择 psd 文件格式，如图 6-54 所示。选择图层文件，弹出 "Import Layered File（导入层文件）" 对话框，如图 6-55 所示。在 "Import As（导入当作）" 后的下拉列表

图 6-54　选择文件格式

中可以选择作为 "Footage（影片片断）" 导入或是 "Sequence（序列文件）" 导入。作为影片片断导入时，Layer Options（层选项）可以用来设定是把所有文件中的图层合并后导入（Merged Layeres），还是选择所有图层中的某一层导入（Choose Layer），如图 6-56 所示。Footage Dimensions（影片片断尺寸）用来设置导入图像的尺寸，有两个参数可设置：Document Size（使用图片文件的尺寸），Layer Size（使用导入的那个层的尺寸）。

图 6-55　"Import Layered File（导入层文件）" 对话框

图 6-56　选择图层

还有一种特殊的文件是序列文件，是一种常用的动画素材，由一系列按顺序排列的图片组成，是运动的影像。每张图片代表一帧。序列文件的基本来源是，通过 After Effects、3DS MAX 等软件渲染产生，可以导入到 Adobe Premiere Pro 中使用。在 Adobe Premiere Pro 中打开序列文件需要找到文件所在的目录，选中它们之中的第一张图片，并且把导入对话框下的 Numbered Stills（序列图片）复选框选中，如图 6-57 所示。

序列文件导入到项目面板中的情况如图 6-58 所示，它在这里成了一个可以按顺序播放的动画文件。

图 6-57　序列文件导入对话框

图 6-58　项目面板中的序列文件

2. 观看素材信息

项目面板提供了两种显示素材的方式：列表显示和缩略图显示。制作者可以根据需要单击项目面板左下角的 ▤ 和 ▢ 按钮在两种显示方式之间进行切换。素材缩略图显示效果如图 6-59 所示，这种显示模式可以比较直观地显示素材。单击项目面板右上角的 ▢ 按钮，在弹出菜单中的 Thumbnail 命令菜单中可以选择素材缩略图的显示大小。

选中项目面板中的素材，单击项目面板右上角的 ▢ 按钮，在弹出菜单中选择 Edit Columns（编辑专栏）命令，在弹出的对话框中，可以设定哪些素材信息被显示，如图 6-60 所示。

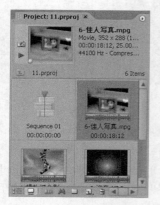

图 6-59　素材的缩略图显示

图 6-60　编辑专栏对话框

观看素材详细信息，可以先在项目面板中选择素材文件再选择"File→Get Properties For→Selection"选项，弹出对话框，即可显示素材的详细信息，如图 6-61 所示。

3. 素材属性的重新设置

在文件导入到项目面板后，针对导入的素材，可以通过 Interpret Footage（解释片断）命令来修改它的属性。选中要修改的素材，单击右键，在出现的快捷菜单中选择 Interpret Footage 命令，出现对话框，如图 6-62 所示，可以对素材帧速率、像素长宽比、素材中的透明通道进行再次设置。

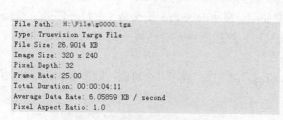

图 6-61　素材的详细信息

图 6-62　Interpret Footage（解释片断）对话框

4. 在项目面板中建立素材文件夹

在项目面板中可以建立素材文件夹对素材进行管理，使用素材文件夹可以对素材进行分类管理，尤其对于有大量素材的项目可以很好地管理。

单击项目面板下方的按钮 ▢，会建立素材文件夹，文件夹中还可以建立新的文件夹，产生嵌套。

5. 素材的重命名、删除和查找

在项目面板中，用户可以对素材进行重命名、删除和查找等操作。项目面板中的素材都是指向硬盘中源素材的一个指针，在项目面板中对素材的操作不会影响硬盘中的源素材。

在项目面板中右键单击素材，在弹出的快捷菜单中选择 Rename（改名）命令，素材名称就会处于可编辑状态，如图 6-63 所示。直接单击素材名称，也能激活重命名。选择"Cilp→Rename"选项也可进行重命名。

在项目面板选中素材，按下【Delete】键即可删除素材。或是在选中素材后，单击项目面板下方的"删除"按钮 。

图 6-63　修改素材命名

查找素材，单击项目面板下面的"查找"按钮 ，或是选择 Edit 菜单中的 Find 选项，都可以弹出查找素材对话框，如图 6-64 所示。在 Column（专栏）中选择被查找素材的属性，点开下拉菜单出现图 6-65 所示多种属性，可以按照其中的任意属性对素材进行查找，例如，名称、卷标等。在 Operator（操作）的下拉菜单中可为查找设定限制。在 Find What（查找什么）下的对话框中输入要查找的关键字。可以输入 AND、OR 等条件语句，也可以使用"*"通配符。在 Match（匹配）的下拉菜单中可以选择所查找的关键字是全部匹配（All）还是部分匹配（Any）。Case Sensitive（区分大小写）复选框被选中后，输入的关键字要大小写正确才能被正确查找到。

图 6-64　查找素材对话框

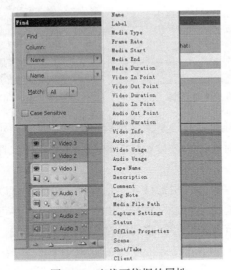

图 6-65　查找可依据的属性

6. 原始素材、关联素材、复制素材、离线素材

在编辑素材的过程中，可以对素材进行定义，以便编辑时在不同面板中进行区分，方便使用。

① 原始素材：一般把输入或是采集进非线性编辑系统中的文件叫原始素材，原始素材导入到项目面板后，其他面板也可以使用它们。

② 关联素材：在时间线上被编辑使用的是关联素材，向时间线添加素材，就增加了一个关联素材，一个原始素材可以在时间线上被使用多次，在项目面板中更改了原始素材的名称，在时

间线上的素材名称不会自动跟随变化，原始素材被删除后，时间线上建立的关联素材也会丢失。

③ 复制素材：复制素材可以通过选择 Edit 菜单中的 Duplicate（复制）选项实现，产生的素材相对于原始素材是独立的。

④ 离线素材：在编辑过程中，打开一个项目，系统可能会提示找不到原始素材，如图 6-66 所示。这是由于原始文件在磁盘中的位置发生了变化或者文件名被改变了。如果知道素材的存储位置，可以直接在磁盘上找到原始素材，然后选中素材并单击"Select（选择）"按钮，给项目指定素材；不知道素材存放的位置，选择"Skip（跳过）"按钮，选择略过原始素材；还可以单击"Offline（脱机）"按钮，建立离线素材用来代替原始素材。磁盘上的原始文件被删除或是被移动位置，就会造成项目中的指针无法指定正确的原始文件路径的情况。这时候，软件可以建立一个离线文件，用来代替原始文件。离线文件所具有的属性和原始文件完全相同，可以施加普通素材的一切操作。当找到原始素材的位置后，可以用原始素材替换离线素材。离线素材可以临时用来占据丢失文件的位置，以免进行误操作。离线素材在视频窗口中的显示效果如图 6-67 所示。

图 6-66　询问当前文件对话框

图 6-67　离线素材的显示效果

原始素材不能及时被软件找到路径是非线编辑过程中经常要面对的问题，例如在网络编辑系统中，编辑人员常常使用绝对路径来进行素材的导入，导致在下次打开项目文件时有些素材可能已经找不到了。

另外，在非线性编辑过程中，有些素材可能是暂时缺少的，可以通过离线素材临时占据空缺素材的位置，先对项目进行编辑，当素材找到后再实施替换，一样可以完成编辑任务，而且提高了工作效率。离线文件需要有将来要替换它的素材文件的相同属性，例如帧速率、帧尺寸、时间编码、时间长度等。

在项目面板中，单击鼠标右键或者单击项目面板下方的"新建文件"按钮，在弹出的菜单中选择"Offline File（离线文件）"命令，可弹出离线文件建立对话框，如图 6-68 所示。在 Contains（包含内容）后的下拉菜单中可以选择离线文件要代替的素材的类型：Audio and Video（音频和视频）、Audio（音频）、Video（视频）。在 Description（描述）中填入对离线素材的描述。在 Timecode（时间码）中可以设置离线素材的时间长度。

要以真实素材替换离线素材，可以在项目面板中右键点击离线素材，在弹出的菜单中选择 Link Media（链接媒体）命令，再在弹出的对话框中指定用来替换的文件。项目面板中的离线素材如图 6-69 所示。

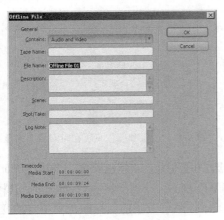

图 6-68 离线文件建立对话框

图 6-69 离线素材在项目面板中显示

7. Premiere Pro 2.0 中特殊素材的创建

Premiere Pro 2.0 除了可以使用采集或导入的素材，还可以建立一些特殊的素材。在 File 菜单下的 New 选项中有一组子命令是专门用来建立这些特殊素材元素的，如图 6-70 所示。下面详细介绍如何使用 Premiere Pro 2.0 制作特殊素材元素。

（1）Bras and Tone（彩条）

Premiere Pro2.0 可以为影视作品加入彩条效果，如图 6-71 所示。在项目面板中单击按钮 ，或是选择"File→New→Bras and Tone"选项，就可以在项目面板中创建出彩条素材。

图 6-70 新建特殊素材元素

图 6-71 彩条素材

（2）Black Video（黑场）

Premiere Pro2.0 可以为影视作品制作一段黑场视频素材。在项目面板中单击按钮 ，或是选择"File→New→Black Video"选项，就可以在项目面板中创建出黑场素材。对于影视作品，黑场是可以经常被应用在影片开头或结尾处的，在很多镜头的转接处也可以用黑场来过渡。

（3）Color Matte（颜色蒙版）

Premiere Pro2.0 可以为影视作品创建一个颜色蒙版。这个颜色蒙版可以当作背景使用，也可以利用颜色蒙版的透明度属性，使视频素材产生某种色彩偏好。在项目面板中单击按钮 ，或是选择"File→New→Color Matte"选项，随后出现颜色拾取对话框，如图 6-72 所示，选取蒙版所使用的颜色，单击【OK】按钮就完成了。

用颜色蒙版让视频产生颜色偏好的步骤如下。

➢ 在项目面板中导入一段视频素材，制作一个蓝色的颜色蒙版。把它们分别拖动到时间线面板中的"Video 1"和"Video 2"轨道上，并把它们的时间长度对齐，"Video 1"轨道上放视频，蓝色的颜色蒙版放在它之上的"Video 2"轨道上，如图 6-73 所示。

图 6-72　颜色拾取对话框

图 6-73　视频和颜色蒙版在时间线上的显示

➢ 这时候在节目窗口中只能看到颜色蒙版。选中时间线上的颜色蒙版，调用 Effect Controls（效果控制面板），单击 Opacity（不透明）属性前的 ▷ 按钮，展开颜色蒙版的不透明属性，修改不透明度为 50.0%，如图 6-74 所示。可以对比一下添加颜色蒙版前后视频色彩偏好的变化效果，图 6-75 所示产生了偏蓝色的效果。

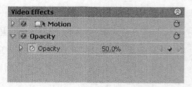

图 6-74　颜色蒙版的不透明属性设置

图 6-75　添加颜色蒙版前后视频的变化

（4）Universal Counting Leader（倒计时向导效果）

Premiere Pro2.0 可以生成影视作品开始前的倒计时准备效果。创建过程如下。

在项目面板中单击按钮 或是选择 "File→New→Universal Counting Leader" 选项，弹出 "Universal Counting Leader Setup" 窗口，设置窗口中的参数，如图 6-76 所示。设置完成后单击【OK】按钮，系统将自动把该段倒计时视频素材加入到项目窗口中。用户可以在时间线窗口或者项目窗口中双击倒计时素材，重新打开 "Universal Counting Leader Setup" 窗口，对其参数进行修改。

图 6-76　倒计时向导设置窗口

习　题

1．视频文件输出的格式主要有＿＿＿、＿＿＿、＿＿＿、＿＿＿等几种。

2．项目设置中采集格式设置窗口，设置采集的格式有＿＿＿、＿＿＿、＿＿＿ 3 种。

3．打开 Premiere Pro2.0 一般出现＿＿＿、＿＿＿、＿＿＿、＿＿＿、＿＿＿、＿＿＿ 6 个面板或窗口。

4．Display Format（时间显示格式）用来指定时间线窗口中时间的显示方式，与视频影像的编辑标准相对应，主要有以下几类：＿＿＿、＿＿＿、＿＿＿、＿＿＿、＿＿＿、＿＿＿。

5．＿＿＿Hz 的音频采样频率可以达到广播级的播出质量。

6．在监视器窗口中可以对素材进行监视、寻找帧、设置入点、＿＿＿、设置标记点等多种操作。

7．设置添加的音频轨道类型，可以选择 Mono（单声道）、＿＿＿、＿＿＿。